段雪莹◎著

巧用 ChatGPT

轻松搞定Excel

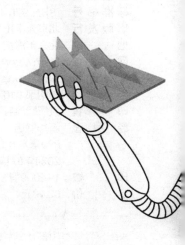

北京大学出版社

PEKING UNIVERSITY PRESS

内 容 提 要

本书通过ChatGPT技术，帮助读者轻松掌握Excel，快速提升Excel的应用能力。全书分为□章，内容主要包括：Excel基础认知；数据录入和编辑；数据可视化；数据处理分析；快捷键□数据保护；宏的应用；Power Query连接数据源进行数据处理和转换；高阶数据分析和建模。□于Excel的不同功能，通过使用不同的ChatGPT提问技巧，让大家在接触到新知识时可以更快地□行学习和掌握，从而提高工作效率。

本书内容通俗易懂，理论和实践相结合，通过合适的知识点划分，整体结构由浅入深，□且通过提问技巧有针对性地和ChatGPT进行提问互动，能够更好地让读者根据自己的理解情况□行自定义学习和知识掌握。本书特别适合Excel和ChatGPT的入门读者和进阶读者，尤其是想要□定义、自主化、个性化学习的读者。无论是学生、职场人士还是数据分析从业者，都能从本□中获得实用的Excel技能，提升工作效率。

图书在版编目 (CIP) 数据

巧用ChatGPT轻松搞定Excel / 段雪莹著. —— 北京：
北京大学出版社，2024. 8. —— ISBN 978–7–301–35293–9

Ⅰ. TP391.13

中国国家版本馆CIP数据核字第20242XD608号

书　　　名	巧用ChatGPT轻松搞定Excel	
	QIAOYONG ChatGPT QINGSONG GAODING Excel	
著作责任者	段雪莹　著	
责任编辑	刘　云	
标准书号	ISBN 978–7–301–35293–9	
出版发行	北京大学出版社	
地　　　址	北京市海淀区成府路205号　　100871	
网　　　址	http://www. pup. cn　　　　新浪微博：@ 北京大学出版社	
电子邮箱	编辑部 pup7@pup. cn　　总编室 zpup@pup. cn	
电　　　话	邮购部 010–62752015　　发行部 010–62750672　　编辑部 010–62570390	
印　刷　者	大厂回族自治县彩虹印刷有限公司	
经　销　者	新华书店	
	880毫米×1230毫米　　32开本　　10印张　　286千字	
	2024年8月第1版　　2024年8月第1次印刷	
印　　　数	1–4000册	
定　　　价	69.00元	

ChatGPT 技术有什么前途

Excel是最常用的数据分析处理工具之一，但它界面中的操作命令繁多，新手往往会摸不着头脑，不知如何操作，也不知道如何筛选学习资料，所以学习过程无法系统化，耗时久又得不到很好的效果。而ChatGPT作为功能强大的智能问答工具，可以做到根据不同的需求和兴趣点进行个性化学习，快速响应问题，实时进行指导。只要掌握了合理的方法，就可以利用ChatGPT解决很多问题，提高学习效率，并形成自己的方法论，对于以后学习任何新知识都有启发意义。

笔者的使用体会

ChatGPT采用了大量文本数据进行预训练，获得了对语言结构、语法和语义的深入理解。因此，它在多样化的任务中表现出色，可以与用户进行自然、流畅的交流，为各种场景提供智能问答和文本生成功能。但是在使用它辅助我们学习知识的时候，需要掌握一些提问技巧，并根据实际使用场景，结合学习对象的特点，合理选择使用方法，这样才能发挥它的最大作用，使它更好地为我们所用。

这本书的特色

• 从零开始，门槛较低：从Excel的界面组成开始讲解，详细介绍界面中常用的命令，入门门槛很低。

• 节奏合理，容易上手：知识点结构安排合理，讲解由浅入深，上手快，容易理解。

· 内容新颖，结合新技术：采用 ChatGPT 这个新兴技术进行辅助讲解，互动教学，提高学习热情。

· 举一反三，内容实用：结合大量实例进行讲解，并对实现同一结果的多种命令进行对比力求实用。

· 经验汇总，数据易得：本书案例来自作者经验总结，实例中使用的都是公开数据集，且很多数据都可以让 ChatGPT 生成。

这本书包括什么内容

首先，我们对 Excel 的基础知识点进行了拆分，按照功能分类，并把内容结构和学习节奏调整成适合初学者的模式。

其次，由浅入深地学习拆分的知识点。主要知识点包括：Excel 基础操作；数据可视化；数据分析报告的拆解和搭建；快捷键的使用；Excel 中的数据保护；宏的应用和 VBA 编程基础；Power Query 数据处理分析及 M 语言基础；Excel 中的高级数据分析和建模，等等。每个知识点都搭配了丰富的实践案例，通过案例可以更加直观和深入地理解学习。

最后，我们将使用到的技巧和方法整理成了方法论，利用该方法论可以学习更多的新知识。

读者阅读本书过程中如果遇到问题，可以通过邮件与本人联系。本人常用的电子邮箱是 1090321700@qq.com。

本书读者对象

· Excel 零基础入门人员。

· 数据分析人员。

· 经常使用 Excel 做数据录入的人员。

· 对 Excel 感兴趣的人员。

· 对 ChatGPT 感兴趣的人员。

· Excel 培训班的学员。

温馨提示：本书所涉及资源已上传至百度网盘，请读者关注封底"博雅读书社"微信公众号，找到"资源下载"栏目，输入本书 77 页的资源下载码，根据提示即可获取。

目录

第1章 Excel基础认知 ·· **001**

1.1 Excel 功能分类及本书学习路线 ························· 001

1.2 Excel 界面组成 ·· 002

1.3 数据录入和编辑 ··· 004

1.4 数据可视化 ··· 005

1.5 数据处理和分析 ··· 007

1.6 快捷键的使用 ·· 008

1.7 数据保护 ·· 010

1.8 宏的应用 ·· 011

1.9 Excel 中 Power Query 的使用 ························· 013

1.10 Excel 中的高阶数据分析和建模 ···················· 014

1.11 如何在 Excel 中引入 Copilot ························· 015

1.12 小结 ·· 019

第2章 ChatGPT 手把手教: 从 0 到 1 做表 ··············· **020**

2.1 巧用工具搭建知识脉络 ·································· 020

2.2 快速搞清界面 ··· 022

2.3 最快速地从 0 到 1 做表 ································· 035

2.4 学习过程中的提示词推荐 ······························ 046

2.5 小结 ·· 048

第3章 借助ChatGPT学习数据可视化的方法 ··············· **050**

3.1 折线图 ·· 050

3.2 柱形图 ……………………………………… 056

3.3 饼图 ………………………………………… 058

3.4 散点图 ……………………………………… 059

3.5 直方图（密度图）………………………… 060

3.6 瀑布图 ……………………………………… 063

3.7 气泡图 ……………………………………… 065

3.8 雷达图 ……………………………………… 067

3.9 热力图 ……………………………………… 069

3.10 漏斗图 …………………………………… 071

3.11 ChatGPT 让图表更加完整美观 ………… 073

3.12 ChatGPT 作图的提示词推荐 …………… 080

3.13 小结………………………………………… 081

第 4 章　ChatGPT 教你做电商 618 大促分析 …………… **083**

4.1 让 ChatGPT 来帮你厘清分析思路 ……… 083

4.2 让 ChatGPT 来教你在 Excel 中实现数据分析 ……… 089

4.3 利用 ChatGPT 完善报告 ………………… 103

4.4 小结 ………………………………………… 107

第 5 章　掌握常用快捷键让效率翻倍 ……………………… **109**

5.1 常用的快捷键介绍与记忆技巧 …………… 109

5.2 自定义快捷键 ……………………………… 115

5.3 快捷键使用案例 …………………………… 117

5.4 小结 ………………………………………… 119

第 6 章　利用 ChatGPT 学习如何保护数据 ……………… **120**

6.1 ChatGPT 指导学习数据保护 ……………… 120

6.2 文档的各类密码保护 ……………………… 123

6.3 为文档配置用户权限 ……………………… 127

6.4 创建摘要视图保护机密数据 ……………… 128

6.5 自动备份和恢复 …………………………… 131

6.6　其他数据保护的操作 ······························· 133

6.7　小结 ·· 137

第7章　ChatGPT与宏的应用 ·················· 138

7.1　宏的操作及 Visual Basic 编辑器 ····················· 138

7.2　利用 ChatGPT 快速学 VBA 编程 ····················· 152

7.3　Excel 中的 VBA 编程实践 ·························· 173

7.4　Excel 中的 VBA 代码调试 ·························· 184

7.5　小结 ·· 191

第8章　ChatGPT带你学习Power Query ········· 192

8.1　Power Query 的调用和支持的数据源 ················ 192

8.2　Power Query 的编辑器界面介绍 ···················· 198

8.3　Power Query 中的常规数据处理操作 ··············· 205

8.4　Power Query 中的合并查询和追加查询 ·············· 212

8.5　ChatGPT 教你 M 语言及应用 ······················ 219

8.6　小结 ·· 230

第9章　利用ChatGPT学习Excel中的数据分析库 ······· 232

9.1　数据分析库的调用和统计学基础知识 ······················ 232

9.2　数据分析库中的描述统计工具 ···················· 240

9.3　数据分析库中用来表示变量间关系的工具 ·············· 245

9.4　数据分析库中的统计推断类工具 ···················· 248

9.5　数据分析库中的方差分析工具 ···················· 254

9.6　数据分析库时间序列分析工具 ···················· 262

9.7　数据分析库回归分析工具 ························ 268

9.8　小结 ·· 274

第10章　利用ChatGPT学习Excel的方法论总结 ········· 276

10.1　知识拆解相关方法论 ···························· 276

10.2　提问技巧解读 ································· 281

10.3 应用方法论实践 ······························· 287

10.4 小结 ··· 301

第11章 国内大模型使用总结 ·························· 302

11.1 国内代表性大模型介绍 ······················· 302

11.2 国内模型的优势和实践 ······················· 304

第 1 章

Excel 基础认知

为了更好地学习和应用 Excel，读者需要构建一个系统且实用的学习框架和脉络。本章将介绍 Excel 在工作中常用到的相关知识点，先让读者对此有一个大致的了解，再在后面的章节中对细节部分进行拆分讲解。

由于本书的主旨是利用 AI 工具进行学习，所以本章还会涉及一个实用的直接嵌入在 Excel 中的智能工具 Copilot 的使用方法讲解。

1.1 Excel功能分类及本书学习路线

在正式讲解之前，我们先来了解下 Excel 的功能归类，以系统地了解学习路线，从而逐步掌握 Excel 的各种操作。下面是对各个功能分类的简要介绍。

（1）Excel 界面组成：首次接触 Excel 时，学习者需要了解 Excel 的界面布局和各个工具栏的功能。这涉及工作簿、工作表、单元格等对象的概念，以及常用按钮和菜单的作用。读者还需要学会如何打开和关闭 Excel，并加载所需的工具栏。

（2）数据录入和编辑：读者需要学会如何在 Excel 中进行数据的录入和编辑。这不但包括文本、数字、日期、公式等不同类型数据的输入方法，还包括对数据进行格式化、自动填充等操作。同时，还需要了解如何调整列宽、行高，插入和删除行列等基本操作。

（3）数据可视化：读者将学习如何将数据可视化展示，使信息更加直观明了。这包括创建数据表，生成折线图、柱形图等各种常用图表，并掌握图表的样式、布局、数据源设置等技巧。同时，还需了解如何使用条件格式化和数据筛选等功能，以突出数据的重点和相关性。

（4）数据处理与分析：读者将学习如何进行数据处理和分析，并从中获取有价值的信息，为重要决策提供依据。这包括排序、筛选、查找、替换、求和、求平均值等常用的数据处理技巧，以及数据透视表的使用方法。此外，还需了解如何运用公式和函数进行数据计算和统计分析。

（5）快捷键和数据保护：读者将学习如何利用Excel的快捷键提高工作效率，还需了解如何保护数据文件，限制特定人员查看特定数据，以及其他与数据安全相关的知识。

（6）宏编程：读者将学习如何使用VBA编写宏，实现自动化操作并提高工作效率。通过宏编程，可以减少重复性操作，并可以实现更复杂、自动化和智能化的功能。

（7）与其他数据源的交互和高级分析方法：读者将学习如何与其他数据源进行交互，并进行数据处理和分析。还将了解如何在Excel中使用一些高级的分析方法和建模工具，从而提高数据分析的可信性。

1.2 Excel界面组成

在学习和使用Excel之前，了解Excel界面及各个工具栏的功能是非常重要的。不同版本的Excel的界面有所不同，macOS版的Excel界面和Windows版的Excel界面如图1.1所示。

下面以macOS版Excel为例，首先，让我们来看看Excel界面的组成部分。Excel界面主要由快速访问工具栏（也称菜单栏）、工具栏、工作区和状态栏等组成。

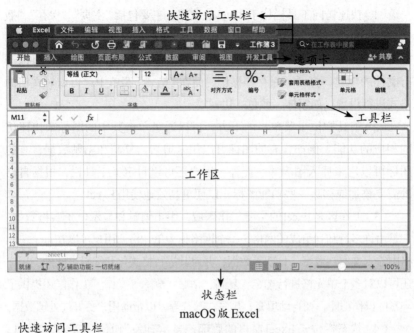

图 1.1 Excel 界面组成

（1）快速访问工具栏位于Excel的顶部，主要包括"主页""保存""撤销""恢复""打印"等命令按钮。通过单击菜单栏上的按钮，可以打开对应的功能菜单，以便进行相应的操作。例如，在"文件"菜单中，可以进行文档的创建、打开、保存等操作。而在"格式"菜单中，可以对文档的格式进行设置，如字体、颜色、边框等。

（2）工具栏位于菜单栏的下方，可以通过单击其中的图标来快速访问相应的功能。例如，有的图标可以用来剪切、复制和粘贴数据，有的图标可以用来插入图表等。此外，用户还可以自定义工具栏，根据自己的需要添加或移除一些功能图标，以便更高效地使用Excel。

（3）工作区是Excel的主要工作区域，用于编辑和显示电子表格数据。它是由许多行和列组成的网格，每个网络称为单元格。用户可以在每个单元格中输入文本、数字、日期等数据，并对其进行格式化和编辑。此外，用户还可以对多个单元格进行选定、复制、粘贴、删除等操作。工作区还提供了丰富的操作功能，如自动填充、排序、筛选等，以帮助用户更好地处理数据。

（4）状态栏位于Excel窗口的底部，显示有关当前工作状况的信息。它可以显示当前选择的单元格的位置、内容、格式等信息，还可以显示计算结果，如选定单元格区域的总和、平均值等。此外，状态栏还提供了一些快捷操作，如切换工作表、切换输入模式等。

除了以上所述的界面部分，Excel还提供了其他功能，如扩展屏幕模式、分栏视图、缩放视图等。这些功能可以通过单击界面上的相应按钮或通过菜单栏中的选项来实现。

Excel界面是一个直观、简洁且功能丰富的界面，为用户提供了处理和分析数据的各种工具。通过了解Excel的界面及其各个工具栏的功能，用户能够更好地使用Excel，并充分发挥其强大的数据处理和分析能力。

1.3 数据录入和编辑

在Excel中进行数据录入和编辑是非常灵活和简单的，打开Excel并创建一个新的工作表后，就可以开始输入和修改数据了。选择要录入数据的单元格，可以是一个单独的单元格，也可以是一列或一行单元格。在选定的单元格中，可以输入各种类型的数据，包括文字、数字或其他类型的数据。

如果需要修改已有的数据，只需要选中对应的单元格，然后进行修改即可。Excel 提供了直观和方便的编辑方式，单击单元格即可开始编辑。在编辑单元格内容时，可以直接在单元格中进行修改，也可以使用键盘上的方向键在单元格间进行导航。

除了基本的数据录入和编辑方式，Excel 还提供了一些快捷的功能，以便更高效地进行数据录入和编辑。

（1）自动填充功能：是一种非常便捷的数据输入方式，它可以基于用户输入的第一个或几个数据项，自动推断出序列或模式，并填充到选定的单元格范围中。例如，如果在一个单元格中输入 "1"，然后向下拖动填充柄，Excel 便会自动将序列填充到下面的单元格中。

（2）拖动填充功能：是自动填充的一种操作方式，它特指用户通过鼠标拖动填充柄来完成数据填充的过程。当有一列或一行数据需要输入时，可以只输入起始数据，然后用鼠标拖动填充柄到目标区域，Excel 会自动将数据填充到相应的单元格中。这在需要重复输入一系列连续数据时非常实用。

（3）剪贴板功能：剪贴板是一个使数据录入和编辑更加高效的工具。可以先将一段数据复制到剪贴板中，再粘贴到其他单元格中。当需要在不同区域复制相同的数据时，使用这个功能非常方便。

（4）数据表功能：数据表功能强大且灵活多样，如果需要处理大量数据，可以使用 Excel 的数据表格功能，它会将数据组织成具有表头和行列结构的形式。在数据表格中，可以通过单元格来输入和修改数据，还可以通过在表格边缘拖动来调整表格的大小，以适应数据的增加或减少。

在录入和修改数据时，可以根据需要选择适合的方式，以满足数据处理需求。

1.4 数据可视化

Excel 中的数据可视化可以帮助用户更好地理解和使用数据。数据可视化以图表、图形等形式呈现数据，使数据更易于理解和分析。图 1.2 所示为一个数据看板，里面丰富的数据图表可以展示数据的模式、趋势、关系和异常情况，使用户能够迅速洞察数据的含义和价值。

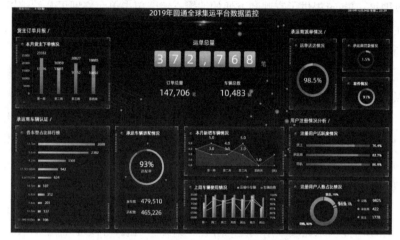

图 1.2　2019 年圆通全球集运数据看板

Excel提供了多种图表类型用于数据可视化。其中，柱形图是一种常用的图表类型，可用于比较不同类别或时间段的数值；折线图则适用于展示数据随时间或其他连续变量变化的趋势；饼图常用于显示不同类别的占比情况；而散点图可以显示两个变量之间的关系。除了这些基本的图表类型，Excel还提供了其他各种图表类型，用户可以根据需要选择最适合的图表类型。

在Excel中进行数据可视化，需要先将数据输入工作表中。用户既可以手动输入数据，也可以将数据从其他来源导入Excel中。在准备好数据后，可以选中要可视化的数据范围，然后在工具栏中单击"插入图表"按钮以创建图表。创建图表后，可以根据需要对图表进行自定义和调整，如修改图表标题、调整坐标轴标签、更改数据系列的样式等。

除了基本的图表选项，Excel还提供了许多高级的数据可视化功能。条件格式功能可以根据数据的值或其他条件来自动设置单元格的格式，更好地突出数据的某些特定方面。数据条功能可以将数据以色块的形式显示，使用户可以更直观地比较不同数据之间的差异。色阶功能可以根据数据的值设置单元格的颜色，从而更好地展示数据的分布情况。

为了进一步提升数据可视化效果，Excel还提供了一些其他的功能。例如，数据标签可以在图表中显示数据点的具体数值；趋势线可以帮助用户识别数据中的趋势和模式；数据表可以将数据以表格的形式展示，使用户能够更详细地查看数据；数据筛选功能可以帮助用户快速过滤和查找特定的数据。

Excel中的数据可视化功能为用户提供了丰富的工具和选项，能够灵活、直观地展示和分析数据。通过选择合适的图表类型、自定义图表样式和充分利用高级的可视化功能，用户可以以更有吸引力、易于理解的方式展示数据，并从中获得更直观的比较和分析。数据可视化不仅提升了数据分析的效果和效率，而且使用户能够更好地做出基于数据的决策和行动。

1.5　数据处理和分析

在Excel中，基础的数据处理和分析功能主要集中在函数公式、筛选、排序、透视表和数据透视图等方面。

让我们先来看看函数公式的应用。Excel内置了大量的函数，包括求和、求平均值、获取最大值、获取最小值、计数等方面。通过简单地输入函数名称和参数，就可以轻松地进行各种数据计算和统计操作。例如，可以使用SUM函数来计算某一列或一组单元格的总和；使用AVERAGE函数来求取平均值；使用COUNT函数来计算某一列或一组单元格中的非空单元格数量。通过函数公式，我们能够快速而准确地得到数据的处理结果，为后续的分析提供数据基础。

筛选和排序功能也是数据处理和分析中常用的工具。通过筛选功能，我们可以根据特定的条件对数据进行筛选，只显示符合条件的数据，从而更好地了解数据的特征和趋势。另外，排序功能可以帮助我们按照特定字段对数据进行升序或降序排序，使数据呈现出更加有序的排列方式。

通过筛选和排序功能，我们可以对数据进行灵活的组织和展示，为后续的分析奠定基础。

Excel中的透视表和数据透视图是数据处理和分析中的重要工具。透视表能够快速对大量数据进行分组、汇总和计算，以得到更清晰的数据分析结果。通过透视表，我们可以对数据按照不同维度进行分组，并对各组数据进行求和、计数、求平均值等计算操作。透视表的灵活性使我们能够根据需求对数据进行多重分析，以发现数据中的模式和关联。而数据透视图则以图表的形式呈现透视表的结果，通过可视化的方式更加直观地展示数据的分析结果。数据透视图能够使用柱形图、折线图、饼图等不同类型的图表来展示数据，使数据分析更具吸引力和说服力。通过透视表和数据透视图的组合使用，我们可以更加全面地理解和分析数据，为决策提供依据。

总之，Excel提供的数据处理和分析功能非常丰富和灵活。通过合理地运用函数公式、筛选、排序、透视表和数据透视图等工具，我们能够对数据进行各种计算、统计和分析，从而更好地理解和利用数据。无论是进行简单的数据计算，还是进行深入的数据分析，Excel都是一款强大且可靠的工具。

1.6 快捷键的使用

在Excel中工作时，熟练运用快捷键有助于提高工作效率。快捷键可以帮助我们完成各种常见的操作，比如复制、粘贴、导航、格式设置和公式运算等。下面将详细介绍几个常用的Excel快捷键，并说明它们的用途。

1. 基本操作

（1）复制和粘贴：通过使用"Ctrl+C"快捷键，可以复制所选单元格或区域，然后使用"Ctrl+V"快捷键将其内容粘贴到其他位置。这种复制和粘贴操作可以快速复制数据、公式、格式和其他内容，节省了手动复制和粘贴的时间。

（2）撤销操作：通过使用"Ctrl+Z"快捷键，可以撤销上一步操作。在进行编辑或其他操作时如果出现了错误，通过使用该快捷键，可以快速恢复到操作之前的状态。

（3）保存工作簿：通过使用"Ctrl+S"快捷键，可以快速保存当前工作簿的修改。这是一个非常重要的快捷键，可以避免数据丢失，尤其是在意外关机或计算机出现故障时。

2. 导航和选择

（1）导航：使用方向键或"Ctrl+方向键"，可以快速在工作表中的各个单元格间移动，而无须使用鼠标滚动。

（2）选择单元格区域：使用"Ctrl+Shift+方向键"，可以快速选择单元格区域。这对于复制、剪切、格式设置和其他数据操作非常有用。

（3）选择整个工作表：使用"Ctrl+A"快捷键可以快速选择整个工作表中的所有单元格。这对于全选和进行大规模数据操作非常方便。

（4）在工作簿之间切换：使用"Ctrl+Page Up/Page Down"快捷键，可以在工作簿的不同工作表之间快速切换。这对于浏览多个工作表和编辑数据非常有用。

3. 格式设置

（1）文本格式：使用"Ctrl+B"快捷键可以将所选内容设置为加粗字体，以突出显示；使用"Ctrl+I"快捷键可以将所选内容设置为斜体字体。

（2）数值格式：使用"Ctrl+Shift+！"快捷键可以将所选内容设置为常规数值格式，而使用"Ctrl+Shift+$"快捷键可以将其设置为货币格式。使用这些快捷键可以快速格式化数字数据，方便后续的计算和展示。

4. 公式和函数

（1）插入日期和时间：使用"Ctrl+；"快捷键可以快速在所选单元格中插入当前日期，而使用"Ctrl+Shift+；"快捷键可以插入当前时间。这些快捷键可以帮助用户快速记录日期和时间数据。

（2）"单元格格式"对话框：通过使用"Ctrl+1"快捷键，可以快速打开"单元格格式"对话框。在这个对话框中可以更详细地设置单元格的格式，如颜色、边框、对齐方式等。

5. 数据处理

（1）查找和替换：通过使用"Ctrl+H"快捷键，可以快速打开"查找和替换"对话框。在这个对话框中可以快速查找文本或数值，并进行替换操作。

（2）复制公式和填充数据：使用"Ctrl+D"快捷键可以快速复制所选单元格上方的内容粘贴到此单元格，而使用"Ctrl+R"快捷键可以快速复制所选单元格左方的内容粘贴到此单元格。这在大量填充公式和数据时非常有用。

以上是一些常用的Excel快捷键和它们在Excel中的具体用途。熟练掌握这些快捷键，能帮助我们更高效地处理数据、编辑内容和完成各种操作。

1.7 数据保护

Excel中的数据保护是一种重要的功能，它可以帮助用户在工作表中锁定特定的数据，并设置权限，以控制哪些人可以编辑或查看这些数据。通过使用数据保护功能，用户可以有效地防止他人意外或恶意地更改或删除表格中的关键数据，从而确保数据的完整性和准确性。

（1）锁定单元格：在Excel中实现数据保护的操作相对简单，先选中要进行数据保护的单元格区域，再在"审阅"选项卡中单击"保护工作表"按钮，然后在弹出的对话框中，选择"选择锁定的单元格"选项，单击"确定"按钮即可。这样操作之后，只有被选中的单元格或区域才会被锁定，其他单元格将保持可编辑状态。

（2）设置单元格格式：除了可以锁定单元格，我们还可以设置单元格的格式，使某些单元格只能输入特定类型的数据，如日期、时间、整数等。通过设置这些格式，可以有效地限制用户输入指定的数据类型，避免数据输入错误。

（3）密码保护：Excel 还提供了密码保护功能来保护数据。用户可以给整个工作簿或特定的工作表设置密码，避免未经授权的人访问或修改数据。在设置密码保护时，建议使用强密码，并定期更改密码以增加数据的安全性。

（4）跟踪更改：通过启用跟踪更改功能，用户可以追踪对工作表进行的修改，并查看修改历史记录。这对于团队合作的项目非常有用，可以帮助用户了解工作表的修改情况，并及时发现数据的变化。在 Windows 版的 Excel 中，在 "审阅" 选项卡中单击 "跟踪更改" 按钮，在弹出的对话框中选择 "启用跟踪更改" 选项可以启用追踪功能。而在 macOS 版的 Excel 中，这个功能被放在 "工具" 选项卡中的 "修订" 选项中，在下拉列表中选择 "突出显示修订" 即可启用追踪功能。

（5）外部数据连接的加密：除了以上功能，Excel 还支持外部数据连接的加密。用户可以设置外部数据源的访问权限，并使用加密技术保护敏感数据的传输和存储。

（6）数据备份：与数据保护相关的一个重要注意事项是备份数据。虽然 Excel 提供了多种保护数据的功能，但仍建议用户定期备份工作表或工作簿，以防止数据丢失或意外情况发生。通过定期备份数据，可以确保即使发生意外情况，仍可以将数据恢复到先前的状态。数据保护不仅仅是在工作簿层面上进行的，对于具有敏感数据的用户来说，还应该考虑加密整个计算机系统和实施访问控制措施，以保护数据的安全。

综上所述，数据保护在 Excel 中是一项非常重要的功能。通过锁定单元格、密码保护、跟踪更改和数据备份等措施，可以高效地保护数据的完整性、安全性和可用性。对于需要处理敏感数据或进行团队合作的用户来说，合理使用这些功能，将有助于确保数据的保密性和正确性，提高工作效率。

1.8　宏的应用

在 Excel 中，宏是一种功能强大的工具，可以帮助用户自动执行重复性任务，提高工作效率。宏是一系列指令和操作的集合，可以记录并回放用户在 Excel 中执行的操作。通过使用宏，用户可以轻松创建自定义功能和自动化流程。

Excel 中的宏可以应用于多个方面，下面将详细介绍宏在处理数据、生成报表、自定义函数和操作，以及自动化绘图方面的应用。

（1）宏可以帮助用户自动化处理数据。通过录制宏，用户可以记录执行各种数据处理操作的步骤，包括排序、筛选、填充、复制、粘贴等操作。一旦宏被录制并保存，当用户需要对大量数据进行相同的处理时，只需要运行宏即可自动完成重复性的任务，极大地节省了时间和精力。

（2）宏可以用于生成报表。用户可以录制一个宏来自动汇总数据、生成图表和图形，以及生成报告。宏可以自动执行一系列的计算和数据分析操作，根据预设的逻辑生成报表。这样，当需要生成报表时，用户只需要运行宏，即可自动完成报表的生成，无须手动执行烦琐的操作。这不仅提高了工作效率，还确保了报表的准确性和一致性。

（3）除了可以处理数据和生成报表，宏还可以用于自定义函数和操作。通过录制宏，用户可以创建自定义的函数和操作，以满足特定的需求。例如，用户可以录制一个宏来实现特定的计算公式或数据提取和处理操作。这为用户提供了更大的灵活性和自主权，使用户能够更好地适应不同的数据处理场景。

（4）宏还可以用于自动化绘图。用户可以录制一个宏来自动绘制图形和图表，并应用格式和样式。宏可以自动执行一系列的绘图操作，包括选择数据源、设置图表类型、调整图表布局和样式。用户只需要运行宏，即可自动完成绘图任务，减轻了手动操作的负担。

需要注意的是，虽然宏可以极大地提高工作效率，但在录制宏时要注意确保录制过程中的准确性和稳定性。在录制宏之前，最好先规划好整个操作流程，并确保在每次运行宏时都能可靠地访问所需要的数据和对象。此外，还可通过学习和掌握一些宏的编程技巧，如使用变量、条件语句和循环结构等，来更灵活地编写和编辑宏。

1.9 Excel中Power Query的使用

Power Query是Excel中的一款数据驱动的ETL（Extract、Transform、Load）工具，它可以帮助用户方便快捷地连接、转换和整理各种数据源，包括文本、CSV、XML、JSON、SQL Server、Access等。Power Query作为Excel中强大的数据处理工具，可以在数据获取和转换过程中自动执行重复性和烦琐性的任务。例如，在数据处理过程中，Power Query可以自动删除重复项、合并表格、排序和清理数据等，帮助用户大大简化数据处理的流程，减少人为错误的发生，以及提高数据的准确性和一致性。

Power Query的核心就在于其强大的数据转换功能，包括数据类型转换、列拆分、列合并、数据翻转、数据填充等。例如，用户从不同的数据源中提取数据时可能会遇到数据格式不一致的问题，Power Query可以自动处理这些问题，比如将日期、时间、百分比或货币等数据转换成标准格式，或者对其他类型的数据进行转换。

Power Query提供了一个简单易用的界面，使用户能够轻松地完成各种数据处理操作。例如，Power Query能够对数据源进行规范化和重塑，并进一步处理数据源中存在的缺陷和问题，比如缺失值、数据类型不一致和数据不完整等。此外，在导入数据后，Power Query还可以保持数据源的原始状态，使用户能够对数据源进行更精确的查询，以满足不同的业务需求。

Power Query还支持自定义函数，可以自行编写代码和公式，如正则表达式、复杂字段拆分、循环处理等，来实现高级数据处理操作。此外，Power Query还具有更高级的数据处理功能，如查询、筛选、排序、分组、汇总等，这些功能可以灵活地满足不同的数据处理需求。

总之，借助Power Query，Excel用户可以轻松地连接、处理、转换和整合各种数据，从而更好地理解数据，并在Excel中展示和分析它们。同时，Power Query也可以作为数据分析和采集的工具，帮助用户获得更多的业务数据，从而更好地进行业务决策。

1.10 Excel中的高阶数据分析和建模

在Excel中，除了常规的数据处理和分析功能，还有许多高阶的数据分析和建模工具，这些工具能够帮助用户更深入地理解数据、探索数据背后的模式和关系，并提供更精确的预测和决策支持。

Excel广泛用于统计分析。除了常规的描述性统计，如平均值、标准差和百分位数，Excel还提供了许多高级的统计分析工具，如方差分析、相关性分析、多元分析等。这些工具可以帮助用户理解数据分布、检验假设、识别关联关系等，使用户能够更全面地分析和解释数据。

Excel中还有一些高阶功能，比如回归分析。在Excel中，回归分析可以帮助用户了解多个变量之间的关系，并构建一个数学模型来解释这种关系。通过回归分析，用户可以确定哪些因素对指定的结果变量有重要影响，并根据模型进行预测和优化。Excel提供了多种回归分析工具，例如线性回归、多元回归、逻辑回归等。用户只需要准备好数据，并使用相应的回归分析工具，便可得到准确的回归系数、决定系数和显著性检验等结果，从而深入了解变量之间的关系及其对目标变量的影响。

数据挖掘和机器学习也是Excel中的高阶功能。Excel中的数据挖掘工具允许我们探索数据中隐藏的模式和趋势，以进行更准确的预测和分类。数据挖掘可以帮助用户发现变量之间的非线性关系、异常值、聚类模式等，并根据这些发现进行数据驱动的决策。Excel还提供了集成的机器学习算法，如决策树、神经网络、支持向量机等，使用户能够进行更复杂的数据建模和预测分析。通过这些高阶功能，用户可以更好地理解数据的复杂性，并基于数据中的模式和规律做出更准确和可靠的决策。

Excel还提供了强大的优化工具，可以帮助用户在给定的约束条件下寻求最优解。优化分析在许多领域都有广泛的应用，例如生产计划、资源分配、投资组合优化等。通过使用Excel的优化工具，用户可以设置目标函数、约束条件和变量范围，并自动寻找最优解。优化工具可以帮助用户提高效率、减少成本，并优化决策结果。

总之，学习如何在Excel中使用高级的分析和建模工具，可以让我们对于数据的理解和认知更加深刻，得到的结论也会更可靠。需要注意的是，使用这些工具对数据有一些前提要求，对于不同的方法，要求也不一样，需要分别去了解。

1.11 如何在Excel中引入Copilot

由于本书内容与ChatGPT相关，所以这里需要介绍一个嵌入在Microsoft 365 中的AI工具——Copilot。

Microsoft 365 是微软提供的一套继承的办公应用程序，而Microsoft 365 Excel 是其中的一个核心组件。与传统的Excel版本相比，Microsoft 365 Excel 具有更多的云端功能和协作能力，它可以与云端存储服务（如OneDrive）集成，使用户可以随时随地访问和编辑他们的Excel文档。此外，它还支持实时协作，多个用户可以同时编辑同一个工作簿，并即时看到对方的更改。而Copilot这个人工智能聊天机器人由OpenAI创建，基于大语言模型（Large Language Models，LLM）。在Microsoft 365 Excel 中使用这个工具可以帮助用户对数据进行提取、分析、总结，直接一次性到位地呈现出处理结果。

2024 年 1 月，微软宣布了Microsoft Copilot服务的两种不同订阅选项：一种是Microsoft Copilot for Microsoft 365，面向商业/企业用户；另一种是Copilot Pro，面向个人/家庭用户。对于Microsoft Copilot的订阅规则，用户可以自行在官网进行查找，并选择适合自己的产品。下面只为大家介绍Copilot在Excel中的使用指南。目前，Excel中的Copilot显示如图 1.3 所示。

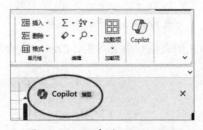

图 1.3　Excel 中的 Copilot 显示

打开一个Excel文档，单击其中的内容，可以发现Copilot将会给出如图 1.4 所示的提示。

图 1.4　Excel 中的 Copilot 提示

我们可以直接单击Copilot提示中的"转换"按钮，将目标区域转换为表格。或者选中目标区域后，在工具栏中单击"插入"→"表格"按钮，也可以实现相同的作用。

需要说明，Excel中的Sheet和Table（表）是两个概念，Copilot只能处理Table格式的数据，如图 1.5 这种的样式便是Table格式。

市场活动所有者	活动名称	启动日期	活动类型	预算	收入	目标用
Halima, Yakubu	1 月末电子邮件	44953	数字营销	500	6980	
Kovaleva, Anna	小型广告牌	44955	品牌营销	250	4732	
Smith, Avery	大型广告牌	44960	品牌营销	4500	5632	
Glazkov, Ilya	产品评论 3x	44942	客户体验	2750	5676	
Lawson, Andre	目标 - 组 1	44952	数字营销	5800	136	
Cartier, Christian	小型广告牌	44929	品牌营销	800	8703	
Barden, Malik	行业会议	44980	客户体验	600	4540	
Macedo, Beatriz	目标 - 组 2	44982	数字营销	800	788	
Halima, Yakubu	2 月电子邮件 - 北部	44968	数字营销	500	12423	
Halima, Yakubu	2 月电子邮件 - 南部	44969	数字营销	500	9293	
Halima, Yakubu	2 月电子邮件 - 西部	44970	数字营销	500	16342	
Connors, Morgan	产品提及 5x	44974	客户体验	635	2208	

图 1.5　Excel 中的 Table 格式

如果在Table格式的表格空白处单击，Copilot也会出现相关提示，如图 1.6 所示。

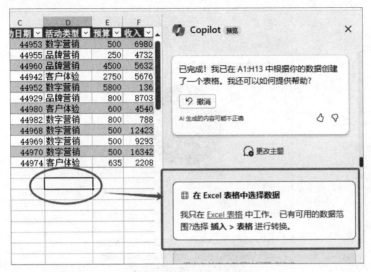

图 1.6 单击空白处 Copilot 的提示

接下来我们可以对 Table 格式数据进行 Copilot 操作，提示如图 1.7 所示。

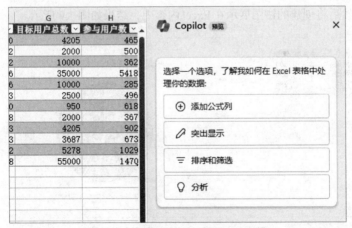

图 1.7 Copilot 提示的数据处理操作

我们可以让 Copilot 对数据做一个可视化效果，提示与效果如图 1.8 所示。

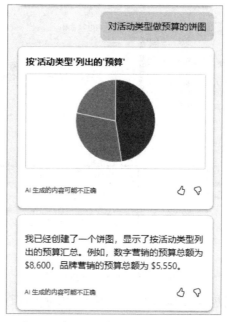

图 1.8 对 Copilot 提出可视化效果要求

然后将创建的饼图展示在 Excel 内容中，结果如图 1.9 所示。

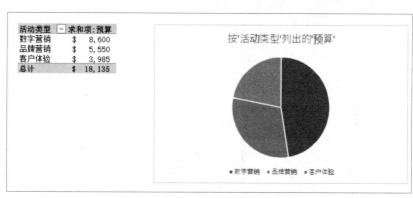

图 1.9 Copilot 可视化效果呈现结果

理论上 Copilot 只能用来处理 Excel 里面的 Table 格式数据，如果打开一个新的工作簿，它会提示"请尝试一个示例"，如图 1.10 所示。

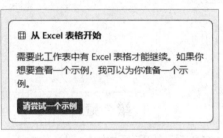

图 1.10　打开新工作簿 Copilot 的提示

单击"请尝试一个示例"按钮，它将自动生成一组示例，即 Table 格式的数据，如图 1.11 所示。接下来我们就可以利用这些数据进行相关测试了。

市场活动所有者	活动名称	启动日期	活动类型	预算	收入	目标用户总数	参与用户数
Halima, Yakubu	1 月末电子邮件	27-Jan	数字营销	$ 500	$6,980	4,205	465
Kovaleva, Anna	小型广告牌	29-Jan	品牌营销	$ 250	$4,732	2,000	500
Smith, Avery	大型广告牌	3-Feb	品牌营销	$4,500	$5,632	10,000	362
Glazkov, Ilya	产品评论 3x	16-Jan	客户体验	$2,750	$5,676	35,000	5,418
Lawson, Andre	目标 - 组 1	26-Jan	数字营销	$5,800	$ 136	10,000	285
Cartier, Christian	小型广告牌	3-Jan	品牌营销	$ 800	$8,703	2,500	496
Barden, Malik	行业会议	23-Feb	客户体验	$ 600	$4,540	950	618
Macedo, Beatriz	目标 - 组 2	25-Feb	数字营销	$ 800	$ 788	2,000	367
Halima, Yakubu	2 月电子邮件 - 北部	11-Feb	数字营销	$ 500	$12,423	4,205	902
Halima, Yakubu	2 月电子邮件 - 南部	12-Feb	数字营销	$ 500	$9,293	3,687	673
Halima, Yakubu	2 月电子邮件 - 西部	13-Feb	数字营销	$ 500	$16,342	5,278	1,029
Connors, Morgan	产品提及 5x	17-Feb	客户体验	$ 635	$2,208	55,000	1,470

图 1.11　Copilot 自动生成的 Table 格式数据

1.12　小结

本章对于 Excel 中的不同功能进行了划分和初步的讲解，让大家能对这些功能有一个大致的了解。下面就让我们进入主题，开启一段在 ChatGPT 协助下的高效学习之旅吧！

第 2 章

ChatGPT 手把手教：从 0 到 1 做表

本章将通过实战来介绍如何使用ChatGPT教我们去做表，涉及的知识点有：数据录入时数据类型的选择，表格内容的合并、筛选、排序等不同数据操作和表格格式的设置；了解ChatGPT提示词的书写方法，可以让ChatGPT更好地服务于我们。

2.1 巧用工具搭建知识脉络

当我们理解一个新的概念或者接触一个新的工具的时候，总是不知道如何去入门，很难分辨什么该看、什么该记，于是会在学习中走很多的弯路。就比如我们第一次接触Excel，打开界面，发现软件中有非常多的选项和按钮，如果对每个都了解一遍会很耗费时间，而且没有什么大的收获，得不到实际的应用和学习反馈，学习热情也会受到打击。所以当学习一些分布较散、数量又多的知识点的时候，最好是能够按照一定的逻辑把这些知识点串起来，形成一个自己的速查手册，在之后的使用中如果有什么不懂再查什么，这样能够大大提高学习效率。ChatGPT就非常适合去做这种总结归纳的"粗活"。

在用ChatGPT整理知识点的时候，具体的使用方法就是先按照我们的规定进行分类，比如按照不同区域的不同功能进行分类，再根据这些分类去补充完整的知识体系，并采用 Markdown 格式输出（Markdown 是一种轻量级的标记语言，用于简单、易读和易写的文本格式化），最后利用 Xmind（XMind 是一款流行的思维导图软件，它可以帮助用户组织思维、记录思路和构建脑图）生成思维导图。

在使用 ChatGPT 构建思维导图的时候，我们可以用 Markdown 格式。以下是 Markdown 文件中需要用到的基础生成规则。

（1）标题：#符号表示标题级别，#的数量表示级别的深度，例如：

```
#一级标题
## 二级标题
### 三级标题
```

（2）段落：段落之间可以使用空行进行分隔。如果要在段落中进行换行，可以使用
标签。

（3）强调和加粗：使用"*"或"_"包围文本来进行加粗或斜体显示，例如：

```
*斜体* 或 _斜体_
**加粗** 或 ___加粗___
```

（4）列表：使用"-"或"*"表示无序列表，使用数字加"."表示有序列表，例如：

```
- 无序列表项 1
- 无序列表项 2
* 无序列表项 3
1. 有序列表项 1
2. 有序列表项 2
```

（5）链接：使用来插入图片，例如：

```
![OpenAI](https://www.openai.com)
```

（6）图片：使用![描述文本](图片链接地址/本地相对路径)来插入图片，例如：

```
![OpenAI Logo](https://example.com/image.png)
![OpenAI Logo] (../image.jpg)
```

2.2 快速搞清界面

　　ChatGPT属于文本模型，无法直接告知我们界面具体的操作流程，但是我们可以通过一些提问技巧，让它的回答形成非常简单易懂的文字版的操作流程，并且使理解偏差尽可能小。通过ChatGPT的回答，我们就会更容易理解，上手操作也会变得非常简单，我们可以按照下面的步骤依次操作。

1. 整理提问思路

　　我们已经初步了解了Excel的界面组成部分，现在我们需要以各个组成部分为划分依据，依次让ChatGPT告诉我们里面包含了什么内容，可以做什么，以及如何操作。

2. 设置提示词

　　在用ChatGPT了解Excel的各个模块的位置、功能等内容时，可以参考以下提示词进行：

　　请详细介绍【××模块】在Excel中的位置、功能及它的使用方法，并将内容以Markdown的格式输出给我。

3. 参考 ChatGPT 回答（以快速访问工具栏模块为例）

　　以Excel的快速访问工具栏模块为例，在对ChatGPT使用以上提示词进行提问后，它将给出相关回复，内容如下：

```
#位置：
Excel的快速访问工具栏默认位于Ribbon（功能区）的上方，通常在
```

Excel 窗口的标题栏和 Ribbon 之间显示。它始终可见，无论您当前使用的是哪个选项卡。

#功能介绍：

快速访问工具栏是为了方便您快速访问一些最常用的命令和功能而设计的。它可以包含各种命令按钮，默认有保存、撤销、恢复三个按钮；可以单击右侧的"自定义快速访问工具栏"按钮，来添加其他按钮，或者在任意功能区选中一个功能，右击后在弹出的快捷菜单中选择"添加到快速访问工具栏"命令，也可以从工具栏删除某个功能。

#使用方法：

以下是使用 Excel 快速访问工具栏的步骤：……

对于使用方法部分，这里省略了，下面将根据它的回答依次进行 Excel 中的操作展示。在询问 ChatGPT 时最好说明自己使用的 Excel 版本，有些操作会因为版本的不同而产生不同。下面的操作如果没有具体标明，基本上都适用于 macOS 和 Windows 2016 版以上。

2.2.1　快速访问工具栏的设置

1. 快速访问工具栏用法一：添加功能

在 Excel 中，可以将常用的一些功能按键添加到快速访问工具栏，主要有以下几种添加方法。

单击快速访问工具栏右侧的"自定义快速访问工具栏"按钮，会展开一个菜单，里面有一些备选功能可供选择，如图 2.1 所示。这时选择需要的功能，它就会出现在工具栏了；如果在备选功能区没有找到想要的功能，可以选择"更多命令"命令（根据 Excel 的版本不同，位置可能略有不同，有些叫作"其他命令"），在打开的对话框中选择需要的功能，然后进行添加。添加好以后，单击"保存"按钮即可。

对于某些高频使用的功能，如保存、筛选、升降序等，可以将其添加到快速访问工具栏，这样在使用的时候，就不用再去某个功能区寻找了。

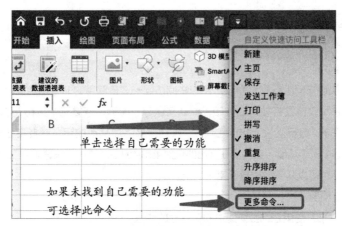

图 2.1　Excel 快速访问工具栏添加功能

2. 快速访问工具栏用法二：删除功能

　　单击快速访问工具栏右侧的"自定义快速访问工具栏"按钮展开菜单，再单击不需要的命令，就会将其删除了。例如，要删除快速访问工具栏中的"保存"按钮，可在展开的菜单中单击"保存"命令前面的对钩取消选择"保存"命令，具体操作如图 2.2 所示。

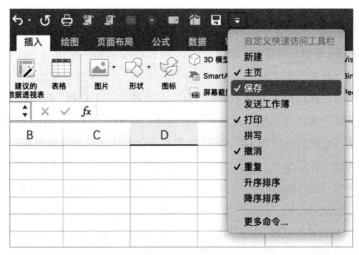

图 2.2　Excel 快速访问工具栏删除方法一

此外，还可以在自定义快速访问工具栏菜单中选择"更多命令"，弹出来的界面如图 2.3 所示。在右侧"自定义快速访问工具栏"中将已经存在但是不想要的功能挪动到左侧栏中，再单击"保存"按钮即可。

图 2.3 Excel快速访问工具栏删除方法二

3. 快速访问工具栏用法三：设置

在快速访问工具栏中，除了可以添加和删除功能，还可以针对工具栏本身进行一些设置。

（1）将快速访问工具栏移动到功能区下方：单击右侧的"自定义快速访问工具栏"按钮，在菜单命令中选择"在功能区下方显示"，快速访问工具栏就会移动到功能区下方了，具体操作如图 2.4 所示。如果要移动回上方，就在展开的菜单中选择"在功能区上方显示"即可（一般有这个功能的都是Windows版本，macOS并不支持）。

图 2.4　Excel快速访问工具栏移动

（2）功能排序：快速访问工具栏中添加的功能默认是按添加的时间顺序来排列的，如果需要修改排序，可以在快速访问工具栏中单击"自定义快速访问工具栏"按钮，在展开的菜单中选择"更多命令"，在打开的对话框中可以根据自己的喜好进行调整，例如，要将"打印"功能排在"保存"功能之前，可选中该功能，单击下方的上下移动按钮来进行排序，具体操作如图 2.5 所示。

图 2.5　Excel快速访问工具栏功能排序

（3）自定义快速访问工具栏的生效范围：默认情况下，我们添加或删除功能的时候，是对所有的 Excel 文档生效的，其实也可以针对单独的文档进行设置。打开需要进行特殊设置的工作簿，在快速访问工具栏中单击右侧的"自定义快速访问工具栏"按钮，在打开的对话框中选中该工作簿，然后去添加或删除相应的功能（一般有这个功能的都是 Windows 版本，macOS 并不支持），具体操作如图 2.6 所示。

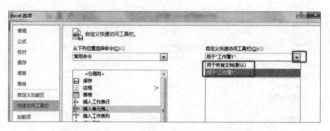

图 2.6 Excel 快速访问工具栏功能生效范围

（4）重置：如果添加的功能太多了，想要一键清空从头再来，Excel 也能做到。还是选择"更多命令"，在打开的对话框中，单击右下角的"重置"按钮，在下拉列表中选择"仅重置快速访问工具栏"，具体操作如图 2.7 所示。

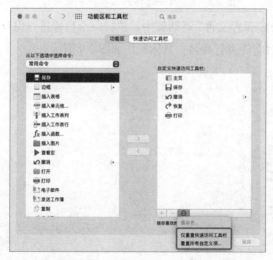

图 2.7 Excel 快速访问工具栏功能重置

（5）导入与导出：有时候我们可能会更换电脑、重装系统等，但希望保留自定义的快速访问工具栏，这时就可以用到导入和导出功能（一般有这个功能的都是 Windows 版本，macOS 并不支持）。

导出：在"Excel 选项"对话框中，单击右下角的"导入/导出"按钮，接下来在弹出的下拉列表中选择"导出所有自定义设置"，具体操作如图 2.8 所示。

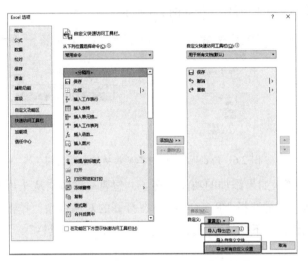

图 2.8　Excel 快速访问工具栏导出操作

在弹出的"保存文件"对话框中，选择一个位置进行保存。另外，在这里还可以对文件进行命名，具体操作如图 2.9 所示。

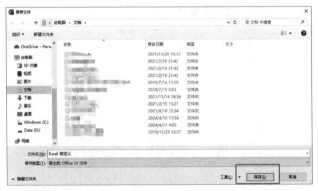

图 2.9　Excel 快速访问工具栏导出保存操作

导入：在"Excel选项"对话框中，单击右下角的"导入/导出"按钮，接下来在弹出的下拉列表中选择"导入自定义文件"，具体操作如图 2.10 所示。

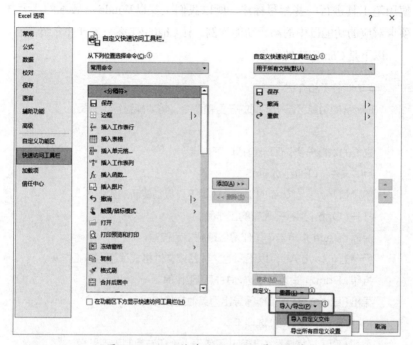

图 2.10　Excel快速访问工具栏导入操作

操作完成后关闭"Excel选项"对话框，这样自定义的设置就完成了。还有一个细节要注意，这里的导入和导出是关联了Excel里面的快速访问工具栏和功能区的全部功能的。如果进行导入操作，会替换原有的自定义设置，因此在导入之前可以先记下比较重要的功能，导入以后重新设置就可以了。

2.2.2　功能区的设置

对于Windows版本，Excel默认功能区中的功能与"文件""开始""插入""页面布局""公式""数据""审阅""视图"八大选项卡对应。而对于macOS版本，功能区中的功能存在于"开始""插入""绘图""页面布局""公式""数据""审阅""视图"八大选项卡中，关于"文件"的选项存在于菜单栏中。在macOS版本中，"绘图"的功能其实相当于在文件中使用笔工具进行一些涂写标注。所以我们主要以Windows版本的八大选项卡对应的功能区中的高频功能为例，让ChatGPT逐一整理并介绍。

以下是ChatGPT的回答。

#功能分类和介绍：
Excel的功能区基于不同的任务和命令，将功能进行了分类。

主要的功能分类选项卡包括以下内容。
##"文件"（File）选项卡
新建（New）：创建新的工作簿或基于模板创建新的工作表。
打开（Open）：打开现有的工作簿。
保存（Save）：将当前工作簿保存到指定位置。
另存为（Save As）：以不同的文件名或文件格式保存当前工作簿。
打印（Print）：设置打印选项并打印工作簿。
导出（Export）：将工作簿导出为其他文件格式。
##"开始"（Home）选项卡
剪切（Cut）：将选定的内容从工作表上剪切并复制到剪贴板。
复制（Copy）：将选定的内容复制到剪贴板。
粘贴（Paste）：将剪贴板上的内容粘贴到工作表上。
格式（Format）：调整单元格格式、字体样式、边框和颜色等。
插入（Insert）：在工作表中插入行、列、图表、图像等对象。
删除（Delete）：删除选定的行、列、单元格或对象。
查找和选择（Find and Select）：查找和选定工作表上的内容。
##"插入"（Insert）选项卡
图表（Charts）：插入不同类型的图表，如柱形图、折线图、饼图等。
表格（Tables）：插入数据表格并对其进行格式化和调整。
图片（Pictures）：插入图片或其他图像文件。

形状（Shapes）：插入不同形状的对象，如矩形、椭圆、箭头等。

链接（Links）：插入超链接以链接到其他文件或网页。

文本（Text）：插入文本框、批注和 WordArt 等文本相关对象。

日期和时间（Date & Time）：插入日期和时间功能。

"公式"（Formulas）选项卡

函数库（Function Library）：选择不同的函数，并在工作表中应用它们。

公式审阅（Formula Auditing）：审阅和调查工作表中的公式。

计算选项（Calculation Options）：配置 Excel 的计算选项和精度。

定义名称（Define Names）：为单元格或范围定义名称以便于引用。

"数据"（Data）选项卡

排序和筛选（Sort and Filter）：对表格中的数据进行排序和筛选。

获取外部数据（Get External Data）：从其他文件或数据库中导入数据。

数据工具（Data Tools）：对数据进行清理、删除重复项、创建透视表等操作。

分析（Analysis）：通过数据分析工具对表格数据进行数据分析和算法操作。

"视图"（View）选项卡

工作表视图（Workbook Views）：切换工作表的不同视图，如普通视图、页面布局视图等。

窗口（Window）：管理 Excel 窗口的布局、拆分窗口和冻结窗口等。

显示/隐藏（Show/Hide）：显示或隐藏网格线、公式栏、标尺等。

放大/缩小（Zoom）：调整工作表的缩放比例。

"页面布局"（Page Layout）选项卡

页面设置（Page Setup）：设置纸张大小、方向、页边距等页面属性。

主题（Themes）：应用不同的主题样式，包括颜色、字体和图形等。

页面背景（Page Background）：插入或设置页面背景图像。

"审阅"（Review）选项卡

拼写检查（Spelling）：检查工作表中的拼写错误。

语言（Language）：设置工作表的语言属性。

注释（Comments）：添加、管理和查看工作表中的注释。

更改（Changes）：追踪、接受和拒绝对工作表的修改。

> 比较（Compare）：比较两个工作簿或工作表的差异。
>
> 保护（Protect）：保护工作表、工作簿或单元格不被修改。
>
> 以上这些只是Excel功能区中一些常见的选项卡和功能分类，实际上，Excel的功能区还具有更多选项卡和命令组，可以进行更多的操作和定制。

由于功能区涉及的功能非常多，逐一进行讲解很不现实，因此我们在后续应用的时候，再进行具体的讲解。

2.2.3 工作区的设置

下面继续了解工作区，即单元格区域，也就是展示数据的区域（在这里可以输入、修改、删除数据）。单元格区域是由行与列组成的电子表格，也是存储数据的载体，它在Excel中的位置如图2.11所示。

图 2.11　Excel 单元格区域

在Excel 2016版本中，共有1048576行（2的20次方）、16384列（2的14次方），行标签用阿拉伯数字1～1048576表示，单击一个数字，即可选中一整行；列标签用大写字母A～XFD表示，单击一个字母，即可选中一整列。

虽然行列很多，但这并不意味着单个Excel表格可以存储这么多的数据。当数据量达到几十万条之后，处理过程中工作表将会出现卡顿现象，数据量越大、公式越多，卡顿越严重（原因是程序运算的时间越长），因此在日常工作中并不建议在工作表中保存大量的公式。不过，大部分日常工作的数据量并不会很大，Excel 足以应付。

　　单元格区域下方是工作表标签，在工作表标签中，左侧是各个工作表的名字，一般一个 Excel 文件叫工作簿，里面的每个插页（Sheet）叫工作表，单击加号（+）按钮，可以新增工作表，双击工作表的名字，可以重命名。

　　右侧是水平滚动条，左右拖动，可以查看不同列数据的内容（Excel 界面最右侧是垂直滚动条，上下拖动可以查看不同行的数据，也可以用鼠标滚轮上下滚动）。

2.2.4　状态栏的设置

　　状态栏位于 Excel 界面的最底端，如图 2.12 所示。选中单元格数据时，状态栏会显示相应的信息，比如平均值、计数、求和。不同版本的 Excel 有些许差别，有的版本的状态栏右侧是常用的视图功能，有普通、页面布局、分页预览、缩放比例设置。

| 就绪 | 平均值：3　计数：5　求和：15 | ▦ ▣ ◷ | − ● ＋ 100% |

图 2.12　Excel 状态栏

　　状态栏有很多实用的小功能往往被人忽略，如计数。打开任意一张表，想知道这张表一共有多少行或列，不用将表格拉到最底部，直接选中一列或一行，然后查看状态栏的数字即可。求和也是，不用使用 sum 公式，直接选中要求和的单元格，查看状态栏即可，十分方便。

2.2.5　生成思维导图

　　将前面 ChatGPT 生成的 Markdown 格式的回答整理一下，加上在 Excel 中实际操作的截图，放入 Xmind 中，即可生成一份思维导图，可以当作以后在实践中使用的速查手册。Markdown 文件可以用很多软件生成，常见的包括 Visual Studio Code、Sublime Text、Notepad++、GitHub 的在线编辑器。这里用的是 Sublime Text，编辑完直接存储为结尾是 .md 的文件即可。图 2.13 所示为根据上述回答整理而成的最终的 Markdown 文件。

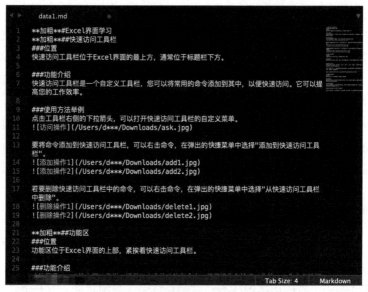

图 2.13　Markdown格式的学习文件

在Xmind软件中选择"文件"→"导入"→"Markdown"命令，如图 2.14 所示。这样即可将生成的Markdown文件导入Xmind中，生成一份思维导图，作为学习计划。

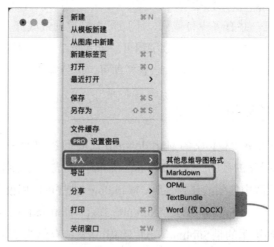

图 2.14　导入Xmind操作步骤解析

2.3　最快速地从0到1做表

传统的表格制作通常需要手动输入和编辑数据，烦琐且耗时。而 ChatGPT 作为一种强大的自然语言处理模型，可以根据用户提供的信息和指令，将生成的结果导出到 Excel 中，并进行进一步的数据填充和格式设置。在此过程中，可以进一步通过指令，结合 Excel 的功能和快捷键，快速完成数据的录入和修正，并进行合并、筛选、排序等操作，以满足不同的需求。

2.3.1　快速整理数据类型和使用场景

在真正用自己的数据制作表格之前，可以先随机生成一些例子来了解一下关于数据类型的知识。我们可以用以下命令让 ChatGPT 随机生成一张表格（生成可以直接复制粘贴到 Excel 用的表格需要用到 ChatGPT 3.5 以上的版本）："请帮我生成一张随机的 Excel 表格，包含所有 Excel 支持的数据类型。"

将 ChatGPT 生成的回答直接复制粘贴到 Excel 中，如表 2.1 所示。

表 2.1　Excel 中支持的数据类型举例

布尔类型	整数类型	浮点类型	日期时间类型	字符串类型
TRUE	123	3.14	2024-01-01 10:30	Hello
FALSE	-456	2.718	2024-02-15 15:45	World
TRUE	789	1.23	2024-03-31 09:00	Excel
FALSE	-987	0.567	2024-04-20 18:20	Assistant

Excel 支持更多的数据类型，如错误值类型、空值等，每种类型都有其特定的用途和使用场景，但由于是随机生成的，上述表格只包含了部分常见的数据类型。我们结合着生成的表格，通过 ChatGPT 进一步了解这些数据类型和使用场景，可以继续提问："Excel 中常见的数据类型有哪

些？请简要说明其使用场景。"根据ChatGPT的回复，可以总结出以下几种数据类型。

（1）文本类型：用于存储和处理文本数据，如姓名、地址、描述等，可以包含字母、数字、符号和空格。Excel提供了多种文本处理函数和格式设置选项，用于对文本数据进行操作和展示。

（2）数值类型：用于存储和处理数值数据，如价格、数量、成绩等。对数值类型的数据可以进行数学运算、统计分析和图表绘制等操作。Excel支持不同的数值格式，如整数、小数、百分比等。

（3）日期与时间类型：用于存储和处理日期和时间数据，如订单日期、会议时间等。Excel可以对日期进行计算、排序和格式化。可以使用日期函数和自定义日期格式，满足不同的日期和时间需求。

（4）布尔类型：指表示真（TRUE）或假（FALSE）的逻辑值。布尔类型的数据常用于条件判断和逻辑运算。布尔值可以使用逻辑函数和条件格式设置，根据布尔值可对数据进行相应的处理和显示。

（5）错误值类型：用于表示计算错误或无效的数值。当公式或函数出现错误或无法计算时，Excel会显示错误值类型的数据。对于表格中的数据，可以使用错误处理函数和条件格式设置，并对错误进行处理和纠正。

（6）百分比类型：用于表示百分比值，是数值类型中的一种，如利润率、增长率等。百分比类型的数据可以进行数学运算和格式化，以百分比形式展示。Excel提供了百分比格式和常用的百分比计算函数。

（7）公式类型：用于存储和处理具有计算功能的公式。通过公式类型的数据，可以对其他单元格的数据进行计算、筛选和汇总。Excel支持各种数学、统计、逻辑和文本处理函数，通过使用公式，可以实现复杂的数据处理和分析。

初步了解数据类型之后，我们尝试把数据录入工作区，并根据实际情况进行数据类型的处理。

2.3.2　快速调整单元格、行、列和表格的格式

在 Excel 中，可以轻松地调整单元格、行、列和整个表格的格式。下面是用 ChatGPT 生成的一些常用的格式调整操作步骤。

参考提示词：在 Excel 中，如何调整单元格、行、列及整个表格的格式？

1. 单元格格式调整

（1）调整单元格的宽度：将鼠标悬停在列头上方的边界上，当鼠标变为双箭头后，拖动边界可以调整列的宽度。

（2）调整单元格的高度：将鼠标悬停在行号左侧的边界上，当鼠标变为双箭头后，拖动边界可以调整行的高度。

（3）文本换行：选择要进行文本换行的单元格，然后在"开始"选项卡的"对齐方式"组中单击"设置单元格对齐方式"按钮，在弹出的对话框中选中"自动换行"复选框，然后单击"确定"按钮即可。具体操作图 2.15 和图 2.16 所示。

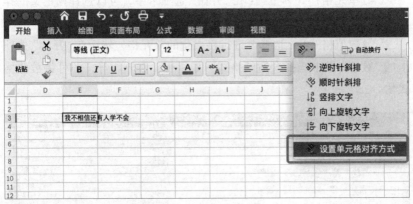

图 2.15　单元格文本换行 1

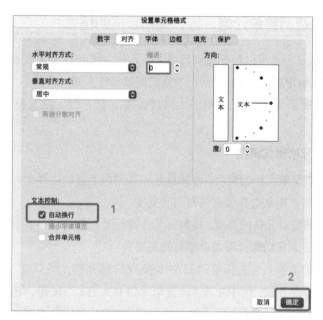

图 2.16 单元格文本换行 2

（4）单元格样式和主题：在"开始"选项卡中，可以选择预定义的样式和主题，这样可以改变整个表格的外观，如图 2.17 所示。

（5）数值格式化：选择要进行格式化的单元格，然后在"开始"选项卡的"数字"组中选择合适的格式，如货币、百分比等，即可将数值格式化。

图 2.17 选择表格样式和主题

2. 行和列的格式调整

（1）插入行：选择要插入行的位置，然后在"开始"选项卡中单击"插入"下拉按钮，然后在下拉列表中选择"插入工作表行"，如图 2.18 所示。或者选中要插入的行的位置，右击后，在弹出的快捷菜单中选择"插入"命令，如图 2.19 所示。

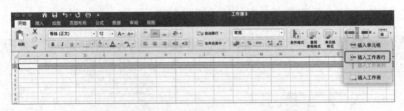

图 2.18　插入行方法一

图 2.19　插入行方法二

（2）删除行：选择要删除的行，然后在"开始"选项卡中单击"删除"下拉按钮，然后在下拉列表中选择"删除工作表行"。或者选中要删除的行的位置，右击后在弹出的快捷菜单中选择"删除"命令。

（3）插入列：选择要插入列的位置，然后在"开始"选项卡中单击"插入"下拉按钮，然后在下拉列表中选择"插入工作表列"。或者选中要插入的列的位置，右击后在弹出的快捷菜单中选择"插入"命令。

（4）删除列：选择要删除的列，然后在"开始"选项卡中单击"删除"

下拉按钮，然后在下拉列表中选择"整列"。或者选中要删除的列的位置，右击后在弹出的快捷菜单中选择"删除"命令。

3. 表格格式调整

（1）表格样式和主题：在"开始"选项卡中选择预定义的样式和主题，可以改变整个表格的外观。也可以单独对表格边框、填充及字体进行设置，均可以在"开始"选项卡中查找到，如图 2.20 所示。

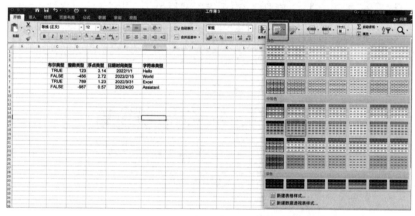

图 2.20　表格样式和主题

（2）条件格式：选择整个表格，然后在"开始"选项卡中单击"条件格式"按钮，在弹出的下拉列表中可以选择适合的格式和效果，用来突出数据，如图 2.21 所示。

图 2.21　条件格式设置

2.3.3　快速学会分列、分组、排序和筛选

在 Excel 中，可以使用分列、分组排序和筛选功能来组织和处理数据。下面是用 ChatGPT 生成的操作步骤。

参考提示词： 在 Excel 中，如何对数据进行分列、分组、排列和筛选？

（1）分列：选择要分列的数据，然后在"数据"选项卡中单击"分列"按钮。可以选择按照分隔符号或固定宽度进行分列，如图 2.22 ~ 图 2.24 所示。

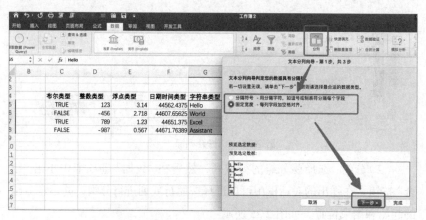

图 2.22　数据分列第一步

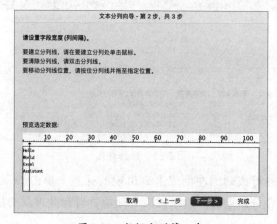

图 2.23　数据分列第二步

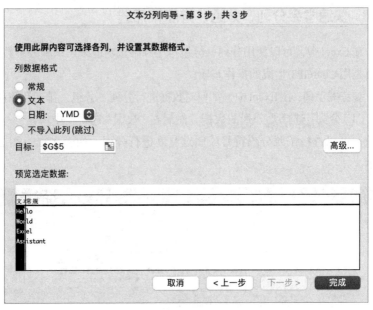

图 2.24　数据分列第三步

（2）分组：选择要分组的行或列，然后在"数据"选项卡中单击"组合"按钮。在弹出的对话框中可以选择按照行或列进行分组，并指定分组的起始和结束位置，如图 2.25 所示。

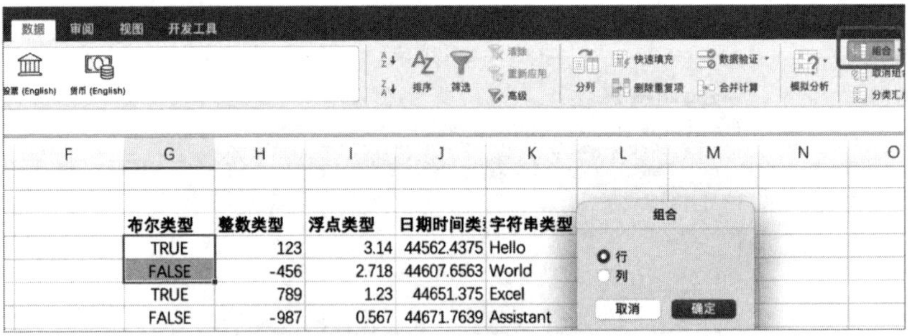

图 2.25　数据分组

在分组的行或列的左侧或上方出现的标志上单击"+"或"-"，可以展开或折叠分组层级，这样可以方便地查看和处理具有层次结构的数据。

（3）排序：有单列排序和自定义排序。单列排序是在要排序的列上单击列头，然后在"开始"选项卡的"编辑"组中单击"筛选和排序"按钮，在弹出的列表中选择"升序"或"降序"。此操作将对该列的数据进行排序，其他列的数据也会一起调整。而自定义排序是在"开始"选项卡的"编辑"组中单击"排序和筛选"按钮，在弹出的列表中选择"自定义排序"，在弹出的对话框中可以设置自定义的筛选条件。

（4）筛选：选择列表中的任意单元格，然后在"开始"选项卡中的"编辑"组中单击"筛选和排序"按钮，在弹出的列表中选择"筛选"。这将在列头上添加下拉箭头，通过单击箭头可以来选择筛选条件。关于排序和筛选的操作如图 2.26 所示。

图 2.26　排序和筛选操作

通过分列、分组、排序和筛选功能，可以对 Excel 表格中的数据进行整理和汇总，从而更方便地进行数据分析和报表生成。这些功能可以提高数据的可读性和可操作性，并帮助用户快速找到所需要的信息。

2.3.4　用ChatGPT出练习题巩固学习成果

根据前面的内容，我们大概了解了如何使用 ChatGPT 去帮助我们学习，以及在 Excel 中如何设置页面和制作表格。但是大量的实践才是检验是否真正掌握知识的唯一标准，所以接下来我们利用 ChatGPT 按照下面的步骤来检验学习成果。

提问思路

我们的需求是用大量的实践来巩固知识点及精进学习成果，所以要让 ChatGPT 根据前面的聊天记录来给我们出题，并给出"解决方案"，供我们在解决不了问题的时候进行参考。

> 问： 请根据之前聊天记录中涉及的知识点给我出一套实践题目，并给出参考答案。

ChatGPT回答：

1.实践题目

1）数据类型

（1）Excel中常见的数字格式有哪些？请简要说明其用途。

（2）如何将数字转换成日期格式？

（3）如何将文本数据转换为数字数据？

2）调整单元格、行、列和表格格式

（1）如何将单元格中的文本内容自动换行？

（2）如何调整单元格的宽度和行高？

（3）如何对选定的单元格进行货币格式设置？

3）分组、排序和筛选

（1）如何对Excel表格中的数据按照单个列进行升序或降序排序？

（2）如何在Excel中使用自动筛选功能快速筛选数据？

（3）如何使用高级筛选功能进行多条件筛选？

2.参考答案

对于ChatGPT给出的题目，对应的解答和相应的操作步骤如下。

1）数据类型

（1）Excel中常见的数字格式有哪些？请简要说明其用途。

常见的数字格式有常规、货币、百分比、科学记数法等。其中，常规格式用于一般数字显示，货币格式用于货币金额的显示，百分比格式用于显示百分数，科学记数法格式用于显示较大或较小的数值。

（2）如何将数字转换成日期格式？

选择要转换的单元格或单元格范围，然后在"开始"选项卡的"数字"组中选择"日期"的格式。在其中，你可以选择常见的日期格式或者自定义日期格式。

（3）如何将文本数据转换为数字数据？

选中包含文本数据的单元格区域，在"开始"选项卡下的"数字"组中选择合适的数字格式，如"常规""数字"等。

2）调整单元格、行、列和表格格式

（1）如何将单元格中的文本内容自动换行？

选择要进行文本换行的单元格，然后在"开始"选项卡的"对齐方式"组中单击"自动换行"按钮。

（2）如何调整单元格的宽度和行高？

调整单元格宽度：将鼠标悬停在列头上方的边界上，在鼠标变为双箭头后，拖动边界以调整宽度。

调整行高：将鼠标悬停在行号左侧的边界上，在鼠标变为双箭头后，拖动边界以调整高度。

（3）如何对选定的单元格进行货币格式设置？

选择要进行货币格式设置的单元格，然后在"开始"选项卡的"数字"组中选择"货币"的格式。

3）分组、排序和筛选

（1）如何对 Excel 表格中的数据按照单个列进行升序或降序排序？

选择要排序的列头，然后在"开始"选项卡的"编辑"组中单击"升序"或"降序"按钮。

（2）如何在 Excel 中使用自动筛选功能快速筛选数据？

选择包含数据的表格范围，然后在"数据"选项卡的"排序和筛选"组中单击"筛选"按钮。通过列头上的下拉按钮，可以选择要筛选的数据条件。

（3）如何使用高级筛选功能进行多条件筛选？

在 Excel 中，高级筛选功能会要求您指定筛选条件和输出范围。您可以在"数据"选项卡的"排序和筛选"组中单击"高级"按钮，然后根据要求进行操作。

利用上面的方法，可以对固定知识领域生产出"无限多"的题目，这里的"无限多"是指可以多次询问 ChatGPT，它给出的题目都会不太一样，这样就能逐渐形成自己的小题库，从而掌握所有的知识点。

2.4 学习过程中的提示词推荐

在让 ChatGPT 给出答案的过程中，不同的提问方式会得到不一样的回答，并且这些回答的详细程度也会有所不同。

OpenAI 的 CEO，也是被称为 ChatGPT 之父的 Sam Altman 曾说：会给 AI 写提示词是一个非常高杠杆的技能。其实很好理解，由于目前的技术还不完美，AI 生成内容的质量非常依赖于提示词（Prompts），想要获得 AI 高质量的回答，第一步就是要学会与 AI 沟通的语言，也就是学会写提示词。这里给出一个万能公式，即【专家模式】+【问题描述】+【效果描述】+【条件限制】，如图 2.27 所示。

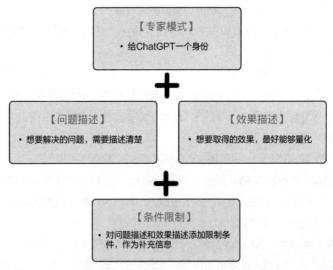

图 2.27　ChatGPT 提问万能公式示意图

这个万能公式在接下来的学习过程中都会用得到，现在我们来做详细的讲解和演示。

【专家模式】指的是根据自己提问的专业领域，给 ChatGPT 一个身份。比如现在我们正在学习 Excel 的知识，所以就让它代入一个类似 "精通 Excel 的数据工程师" 的角色去进行回答，这在进行复杂问题拆解的时候会非常有用。

【问题描述】这里包含了我们想要去解决的问题。在描述问题时，可以使用以下几种简单和直接的方法。

（1）使用简明扼要的语言：用简洁的语言陈述问题，避免冗长或复杂的叙述。确保你的问题能直接、明确地表达出来。

（2）提供背景信息：在描述问题的同时，提供相关的背景信息。这有助于 ChatGPT 更好地理解问题的上下文，并能全面评估问题。

（3）列举关键细节：提供与问题相关的关键细节，比如使用的系统、软件的版本等。这些细节可以帮助 ChatGPT 定位问题，并给出更具体的答案。

当然，并没有特定的公式可以适用于所有问题，但这个提问公式可以帮助我们更加系统和清晰地表达问题。此外，不断地练习和反馈，也可以提高问题描述的能力。

【效果描述】指的是最终想取得一个什么样的成果，是解决问题的操作步骤也是一些参考意见等。这部分的书写建议如下。

（1）具体目标和关键指标：确保目标具体而清晰，关键指标要能够量化或可观察。要明确表示希望在什么方面取得什么结果，以便能够明确测量项目进展和成果。

（2）分解子目标：将大目标分解为更小、更具体的子目标。这样做可以更好地管理和跟踪项目进展，同时也提供了一种逐步接近主要目标的方法。

【条件限制】指那些不能很好地整理到【问题描述】或【效果描述】中的一些零碎需求。比如让 ChatGPT 将回答好的内容翻译成英文进行输出，或者是用更加直白的话语来进行输出等。这部分对于问题解决并不是那么关键，但仍然是规范 ChatGPT 回答的一个重要工具。

当然，具体问题需要具体对待，并不是上述所有内容都是必选项。有时候尽管描述性语言的限制条件非常严格，理解误差也很小，依然会出现无法快速操作的情况，这些情况一般都是由以下原因导致的：Excel的版本不一致，有些按钮的名称不一样；文字描述再准确也是有限的，无法完全消除理解偏差。

这里推荐两个解决方案，一个就是使用ChatGPT 4，因为这之前的版本都是未联网的，所以很多信息有些许的滞后性。而ChatGPT 4获得的都是最新的资讯，并且信息也比较权威。另一个就是使用专门用于联网网页推荐的插件，如图 2.28 中的 WebPilot 插件。

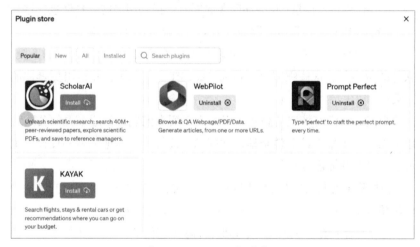

图 2.28　ChatGPT插件举例

2.5　小结

本章介绍了一些技巧和工具，让我们可以根据ChatGPT的回答生成一份专属于自己的关于界面功能的速查手册，在后续使用中可以通过它迅速查找并解决问题。

后面围绕着制作表格这个主题，利用ChatGPT了解了制作一张有效表达数据的表格涉及哪些操作，比如设置数据类型，调整单元格、行列和表格的格式，以及筛选和排序等，以便更好地分析和展示数据。最后在实践过程中总结出了一个提问的方法论，可以当作万能公式用于接下来的学习过程。

　　以上是初次使用ChatGPT去学习Excel的一些入门操作，后面的章节中还有更多的内容和技巧等待我们去了解。

第3章

借助 ChatGPT 学习数据可视化的方法

本章将介绍如何运用 Excel 和 ChatGPT 协同学习数据可视化的方法。数据可视化是将抽象的数据通过图表、图形等形式展现出来，以便更直观地理解和分析数据。Excel 作为一款常用的数据处理软件，提供了丰富的功能和工具，可以帮助我们对数据进行处理和分析。而 ChatGPT 作为一款强大的自然语言处理模型，具备问答和生成文本的功能，可与用户进行交互、提供实时的辅助解释。

接下来，我们将探讨如何使用 ChatGPT 来给出可以在 Excel 中使用的数据，并通过 ChatGPT 来了解如何导入数据，以及如何创建基本的数据透视表和图表。通过 Excel 的可视化功能，我们可以快速生成各种图表类型，如柱形图、折线图、饼图等，展示数据的趋势、关系和分布。

3.1 折线图

折线图是一种常见的数据可视化工具，用于展示数据的变化趋势。它由多个数据点通过连续的折线段连接而成，能够清晰地呈现数据的变化趋势、关联性和周期性。

折线图在数据分析中有广泛的应用场景，以下是一些常见的使用场景。

（1）趋势分析：折线图能够直观地展示数据随时间的变化趋势，比如股票价格随时间的变化、气温随季节的变化等。通过观察折线的走势，我们可以了解到数据的增长、下降和波动情况，从而进行趋势分析和预测。

（2）比较分析：折线图可以同时展示多组数据的变化趋势，比如不同产品的销售数据、不同城市的人口增长情况等。通过对比不同折线的走势，我们可以发现数据之间的差异、关联和趋势变化，进而做出合理的比较分析和决策。

（3）预测警告：折线图可以通过观察历史数据的走势，预测未来的趋势和可能的变化。例如，根据销售数据的折线图可以预测未来的销售趋势，根据天气数据的折线图可以预测未来的气温变化等。同时，当折线图中出现异常波动时，也可以作为预警信号，从而进行进一步的调查。

（4）数据监控：折线图可以用于实时监控数据的变化，比如网站访问量、股票市场波动等。通过实时更新折线图，我们可以及时了解到数据的动态变化情况，及时调整决策。

对于新入门的用户来说，折线图是一个非常实用的数据可视化工具，它可以帮助我们更好地理解数据，并从中发现规律和趋势。无论是在数学、科学、商业还是社会科学等领域，折线图都是一个常见且简单易懂的数据分析工具。

在了解了基础知识之后，我们需要了解 Excel 中的操作步骤，这可以借助 ChatGPT。

🖐 提问思路

对于一个新手而言，在 Excel 中作图一定会有很多修改和调整，所以为了加强作图规范，除了提问作图的步骤，还要加入注意事项。

🔲 问：　你现在是一个精通 Excel 的数据工程师，请写一段在 Excel 中绘制折线图的教程和注意事项。

---

⑤ ChatGPT 回答：

［教程］：

（1）打开 Excel 并准备好包含数据的工作表。确保你的数据位于连续的列或行中。

（2）选择包含数据的范围。例如，如果你的数据在A列和B列中，你可以选择A列和B列的所有单元格。

（3）在Excel的菜单栏中，选择"插入"选项卡。

（4）在"插入"选项卡中，根据你的Excel版本选择"折线图"或"线形图"。这将打开折线图的类型选择菜单。

（5）从折线图的类型选择菜单中选择一个合适的折线图类型。通常，你可以选择普通折线图（以每个数据点为基础）或平滑折线图（使用平滑曲线连接数据点）。

（6）一旦选择了折线图类型，Excel将在工作表上绘制一个空白的折线图，并打开一个"图表设计"选项卡。

（7）在"图表设计"选项卡中，可以根据你的需要进行自定义和格式设置。你可以添加图例、坐标轴标题、数据标签等，以使你的折线图更加清晰和易读。

（8）可以使用鼠标拖动调整折线图的大小和位置，或者将其移动到新的工作表中。

［注意事项］：

需要注意数据的格式；数据的完整性；数据的顺序；标签和标题；数据标签；图例；数据点的样式；坐标轴的刻度和标题等。

接下来，让我们根据ChatGPT的回答在Excel中进行实践。先准备数据，由上可知，我们需要准备的是两列数据，分别代表x轴和y轴。如果本来就有类似的数据就可以直接使用，如果没有的话可以让ChatGPT直接生成一组两列/两行数据。这里我们随机生成了一组，并将其复制到Excel中，具体的步骤如图 3.1 所示。

这样就会得到图 3.1 中左下角的折线图。不过现在自动生成的图像还是Excel中默认的配置，我们还可以根据自己的需要及上述回答中的注意事项去修改。

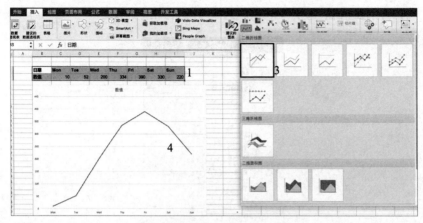

图 3.1　Excel 中做折线图的步骤

比如设置图表标题、数据标签、图例样式、坐标轴的刻度等。对于图 3.1，如果要修改折线图的格式，可以参考 ChatGPT 回答中的步骤（6）和（7），选择"图表设计"选项卡，单击"添加图表元素"，在下拉列表中选择相应的选项即可。或者在折线图上右击，在弹出的快捷菜单中选择"设置图表区格式"命令进行设置，如图 3.2 所示。

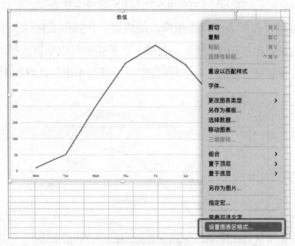

图 3.2　Excel 中设置图表区格式

选择上述命令后，将会在窗口的最右侧弹出如图 3.3 所示的设置区，可以分别在"图表选项"和"文本选项"下进行相应的设置。

图 3.3 Excel 图像格式中包含的选择项

当然也可以在图表中双击想修改的内容，比如图表标题、坐标轴、数据点等，也会弹出如图 3.3 所示的窗格，在窗格中可以根据选择的内容自动跳转到相应位置修改项目，Excel 图像中可以进行单击的区域如图 3.4 所示。

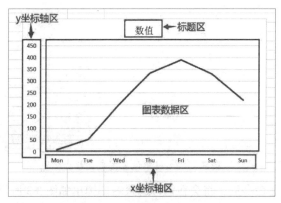

图 3.4 Excel 图像中包含的信息

如果要添加图表元素，可以选择"图表设计"选项卡，在其工具栏中可以单击"添加图表元素"按钮来添加元素，可以添加的元素如图 3.5 所示。单击"快速布局"按钮，在其下拉列表中也提供了官方定义的几款经典的布局，可以满足基本的作图需求，如图 3.6 所示。

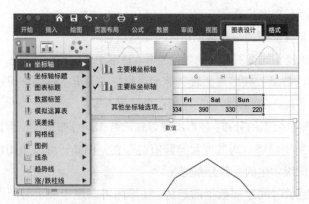

图 3.5 Excel 图像中添加元素

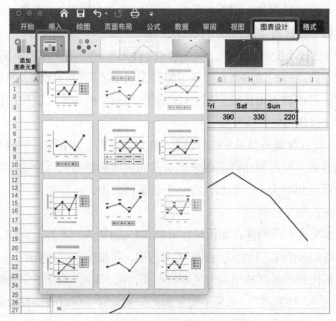

图 3.6 Excel 图像中快速布局

3.2 柱形图

柱形图由一系列垂直或水平的矩形柱子组成，每个柱子的高度表示相应数据的大小。柱形图可以帮助我们直观地比较不同类别之间的数据差异、显示趋势和模式等。

以下是柱形图的一些常见用途和使用场景。

（1）比较不同类别之间的数据差异：柱形图可以清晰地显示不同类别数据之间的数量、频率或比较其他度量指标的差异。例如，可以使用柱形图比较不同产品的销售额、不同年份的收入等。

（2）显示数据的分布：柱形图可以描绘数据的分布情况，帮助我们了解数据的集中趋势、离散度及异常值的存在。例如，可以使用柱形图来显示一个班级学生的分数分布情况。

（3）展示时间序列数据的趋势：柱形图可以用于展示时间序列数据随时间变化的趋势。每个柱子可以代表一个特定时间点或时间段的数据，柱子的高度还可以显示数据的变化。例如，可以使用柱形图来显示每月的销售额变化或每年的人口增长情况。

（4）比较不同组或部门之间的绩效：柱形图可以用于比较不同组织、部门或个体之间的绩效指标。通过将每个组织或部门的数据表示为柱子的高度，可以直观地比较它们之间相对的绩效。例如，可以使用柱形图比较不同销售团队的销售额。

（5）可视化调查结果和统计数据：柱形图是展示调查结果和统计数据的常用方式。可以使用柱形图来显示不同选项的频率或百分比，并比较不同选项的相对大小。例如，在一个选举调查中，可以使用柱形图显示不同候选人的支持率。

了解完柱形图的基本知识后，可以在 Excel 中进行实践。同样，我们可以借助 ChatGPT，让它先为我们准备数据，再按照作图的步骤一步步来。绘制柱形图和折线图的唯一的区别就在于，在"插入"选项卡下选择图表类型时选择"柱形图"。如果不想重新走一遍流程，可以直接在之前折线图的基础上修改成柱形图，操作如图 3.7 所示。

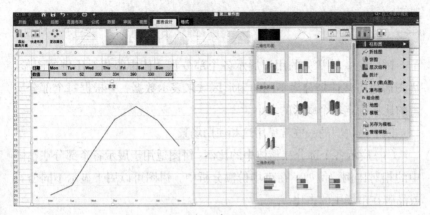

选择图表类型

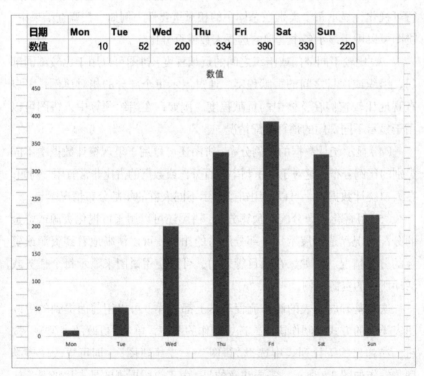

日期	Mon	Tue	Wed	Thu	Fri	Sat	Sun	
数值	10	52	200	334	390	330	220	

柱形图效果

图 3.7　更改图像类型为柱形图

3.3 / 饼图

饼图是一种常见的用于展示各个部分在总体中的相对比例的图形。饼图通过将整体划分为不同的扇形区域来表示数据,并根据每个部分所占的比例确定每个扇形的大小。

以下是饼图的一些常见用途和使用场景。

(1)展示各个部分在整体中的比例:饼图适用于展示各个部分在整体中的相对比例。例如,在市场份额分析中,饼图可以用于显示不同公司或品牌在市场中的占比。

(2)按分类显示数据分布:饼图可以将数据按照不同的类别或分类进行可视化,显示每个类别在总体中的相对重要性。例如,在调查结果中,饼图可以用于显示各个选项的选择人数或百分比。

(3)比较不同部门或组织之间的贡献程度:饼图可以用于比较不同部门、组织或项目之间的贡献程度。通过展示每个部分的相对比例,可以直观地比较它们在整体中的贡献程度。例如,在组织预算中,饼图可以用于显示不同部门的预算分配情况。

(4)显示统计数据的比例分布:饼图还可以用于呈现统计数据中不同类别的比例分布,这对于展示频率、百分比或数据的占比非常有用。例如,在人口统计数据中,可以使用饼图显示不同人群的年龄分布情况。

(5)可视化资源分配和预算分配:饼图还可以用于可视化资源或资金的分配情况。通过展示每个部分所占的比例,可以清晰地看到资源或资金的分配情况。例如,在项目管理中,可以使用饼图来显示每个任务或活动所占的资源比例。

这些基础的图表的制作流程基本上都一样,可以用前面提到的更改图表类型的方式来制作饼图,选中制作的图表,单击"更改图表类型"按钮,在弹出的下拉列表中选择"饼图"→"二维饼图",即可更改图表类型,操作如图 3.8 所示。需要注意的是:由于饼图展现的是占比情况,如果所用的数据是正常的数值,那么展现的就是每个数值在总数中的占比情况。

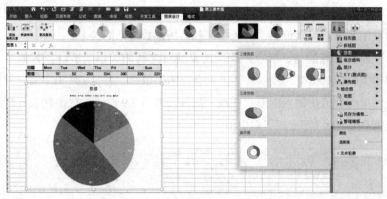

图 3.8 Excel 中更改图像类型为饼图

3.4 散点图

散点图用于展示两个变量之间的关系。在散点图中，每个数据点代表一个观测值，横轴表示一个变量，纵轴表示另一个变量，通过观察数据点的分布和趋势，可以获得变量之间的关系。

以下是散点图的一些常见用途和使用场景。

（1）探索变量之间的关系：散点图适用于在探索性数据分析中研究两个变量之间的关系。通过绘制散点图，可以直观地观察到变量之间的关联性、趋势和模式。例如，可以使用散点图来研究身高和体重之间的关系。

（2）发现异常值和离群点：散点图可以帮助我们检测数据中的异常值和离群点。通过观察散点图中的点的位置，可以发现与其他点相比明显偏离的数据点，这有助于识别潜在的数据问题或异常情况。

（3）分组比较和分类检测：散点图可以用于比较不同组别或分类之间的数据分布。通过在散点图中使用不同的颜色或符号来表示不同的组别或分类，可以直观地了解它们之间的差异和相似性。例如，在市场调研中，可以使用散点图比较不同消费群体的收入和支出之间的关系。

（4）可视化多变量之间的关系：散点图还可以用于可视化多个变量之间的关系。通过在散点图中使用不同的轴或颜色来表示多个变量，可以同时观察多个变量之间的关系和模式。例如，在金融领域中，可以使用散点图来分析股票价格、财务指标和市场指数之间的关系。

需要注意的是，散点图探究的是变量之间的关系，所以当数值是字符串类型的数据时，绘制在图上就会以索引值来代替，如将 3.1 节中的折线图里的数值用散点图形式展现，则效果如图 3.9 所示，之前代表日期的数据（横坐标）都变成了索引值。

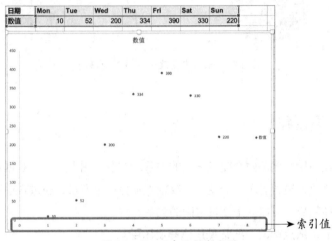

图 3.9　Excel 中绘制散点图

3.5 直方图（密度图）

直方图用于展示数据的分布情况，它将数据划分为一系列的间隔（或称为"箱子"），并计算落入每个箱子中的观测值数量或频率。通过绘制直方图，可以直观地了解数据的分布模式、集中趋势和离散程度。

以下是直方图的一些常见用途和使用场景。

（1）数据分布分析：直方图适用于分析数据的分布情况。通过可视化数据的频率或数量分布，可以观察到数据的集中趋势（如均值、中位数）和离散程度（如标准差、极差）。例如，在考试成绩分析中，可以使用直方图来显示不同分数段的学生人数。

（2）检测异常值和离群点：直方图可以帮助我们检测异常值和离群点。通过观察是否存在独立于箱子之外的高峰值或低峰值，可以发现与其他数据点相对偏离的异常值。这有助于识别不符合正常分布或离散的数据点。

（3）比较数据集的分布：直方图可以用于比较不同数据集之间的分布情况。通过在同一坐标系中绘制多个直方图，可以直观地比较它们的形状、位置和离散度。例如，在市场研究中，可以使用直方图来比较不同区域或不同群体的消费习惯的分布情况。

（4）数据预处理和特征工程：直方图在数据预处理和特征工程中也有一定的用途。通过观察数据的分布情况，可以选择合适的数据转换方法（如对数变换、归一化等）来调整数据的分布，以满足模型假设或改善模型性能。

（5）概率分布分析：直方图可以用于估计和模拟概率分布。通过将数据进行分箱并计算频率，可以近似地了解数据的概率分布情况。这对建立概率模型或对随机变量进行建模和模拟非常有用。

与前面介绍的几种图表类型相比，直方图会比较特殊一些，是因为它只用一列数据就能生成。如果将之前的柱形图更改为直方图，可在"图表设计"选项卡中单击"更改图表类型"按钮，然后在下拉列表中选择"直方图"选项，结果如图 3.10 所示。

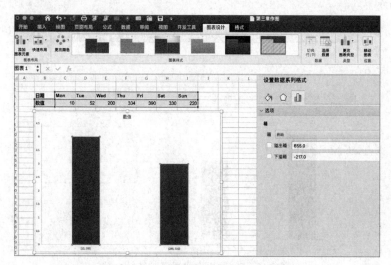

图 3.10　Excel 中将柱形图更改为直方图

图中的选项是决定直方图的每个箱按照什么进行分类,如果理解有困难,也可以根据自己的困惑点直接询问ChatGPT。例如,向ChatGPT提问:"直方图中的箱是按照什么进行分类?"将会得到下述回答。

按分类:这个选项用于将数据按照分类变量进行分组。例如,如果您有一个销售数据集,其中包含不同产品的销售额和对应的产品类别,您可以选择按照产品类别进行分组,直方图会根据不同的产品类别生成相应的柱形图。

自动:这个选项会根据您提供的数据自动选择合适的分组方式,并生成直方图。Excel会根据数据的范围和分布自动确定箱宽度或箱数。

箱宽度:这个选项允许您手动指定直方图每个箱的宽度。您可以根据数据的特点和分布情况选择合适的箱宽度,以确保直方图显示的信息准确和易读。

箱数:这个选项允许您手动指定直方图的箱数。可以根据数据量和分布情况选择适当的箱数。

根据之前的数据,如果选择"自动",Excel将会自动对之前的数据进行合并分组,并且计算落到每个分组范围内的数据个数,具体如图 3.11 所示。

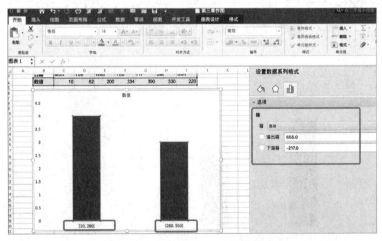

图 3.11　Excel中直方图箱数选择自动

如果选择"分类",图表将和柱形图相差无几。因为我们所用的数据是一个离散变量,离散变量按照分类展现的是离散变量(分类变量)的频数或频率,这也是柱形图展现的内容。如果要让直方图发挥自己的作用(即展示连续变量的分布情况),需要保证所用到的数据是连续变量,并且将数据按照一组连续的数值范围(也称为箱或区间)进行分组。关于这一点,大家可以让ChatGPT生成一些用于做柱形图的数据和用于做直方图的数据来感受两者之间的差异,并加深对于这些基础图表的理解。

3.6 瀑布图

在Excel中,瀑布图是一种特殊的统计图表类型,用于显示数据中的增减关系和变化情况。它有以下作用和特点。

(1)显示增减关系:瀑布图通过不同长度的柱形图,清晰地显示数据之间的增减关系。这使用户可以直观地了解数据的变化情况。

(2)突出关键数据:瀑布图可以突出显示特定数据点,如起始值和正向/负向变化。这使用户可以更方便地比较关键数据,并理解其贡献。

(3)财务分析:瀑布图广泛用于财务分析,可以可视化地展示收入、支出、净利润等财务数据的增减情况。例如,在财务报告中使用瀑布图可以清楚地展示每项支出的变化对净利润的影响。

(4)销售分析:瀑布图也常用于销售分析,用于显示销售额的增长或下降情况。这有助于分析销售策略的有效性和市场趋势。

对于瀑布图的基础操作和使用场景,也可以向ChatGPT进行提问,根据ChatGPT生成的回答可以进一步加深对瀑布图的理解。例如,可以向ChatGPT提问:"请给出瀑布图的作用及使用场景,以及插入瀑布图的方法和步骤。"ChatGPT即可根据提问给出相关问题。

已知一组数据,要想生成瀑布图,可以在"插入"选项卡下的"图表"组中单击"插入瀑布图、漏斗图、股价图、曲面图或雷达图"按钮,在弹出的选项中选择"瀑布图",即可生成瀑布图,具体的操作如图3.12所示。

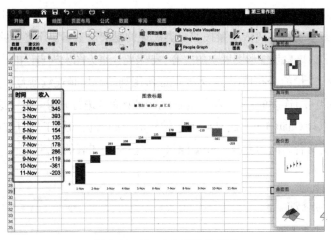

图 3.12　Excel中制作瀑布图

数据正数表示收入，负数表示支出，按照图中的步骤画出的瀑布图为收入支出的累积数值柱形图，能很清晰地能看出累积数值的变化趋势和重要数据。

如果要显示总计的话，需要在表格中加入总计的计算，并且修改数据范围。先对数据进行求和计算，再选中已经生成的图表，然后在工具栏中选择"图表设计"选项卡，单击"选择数据"按钮，在弹出的对话框中选择包括"总计"的数据源，最后单击"确定"按钮，操作如图 3.13 所示。

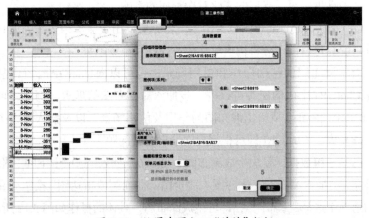

图 3.13　给瀑布图加入"总计"数据

单独筛选出来"总计"的那根柱子，并在调节格式的窗格中选中"设置为汇总"复选框，如图 3.14 所示。

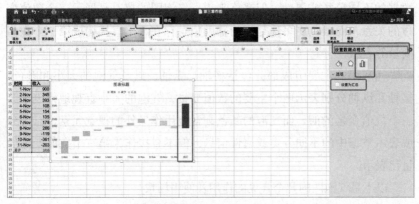

图 3.14　为瀑布图设置"总计"柱子

设置完之后，完整的图像如图 3.15 所示。

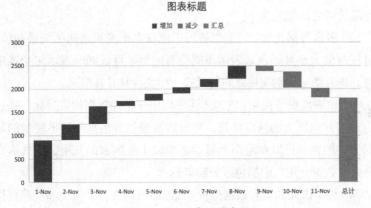

图 3.15　Excel 中的瀑布图

3.7　气泡图

气泡图通常是指一种数据可视化图表，它使用圆形气泡的大小和位置在二维平面上展示至少两个数值变量的关系，并通过气泡的大小来表示第三个数值变量的值。虽然气泡的颜色有时被用来进一步区分或表示数据的不同分类或属性，但严格来说，气泡图的核心是展示三个数值变量的关系，而颜色更多地是作为辅助信息存在，不直接构成第三个数值变量的表示。

气泡图的主要组成部分包括横轴、纵轴，以及气泡的大小和颜色。横轴和纵轴分别表示两个主要的数值变量，气泡的大小直观地代表了第三个数值变量的值。而气泡的颜色则常被用作额外的视觉元素，以区分或表示数据中的不同分类或属性信息，但不直接作为第三个数值变量的量化表示。

以下是气泡图的几个常见的作用及使用场景。

（1）数据探索和展示：气泡图适用于数据的探索性分析和展示。通过将数据点以不同大小的圆形气泡表示在二维平面上，可以直观地观察到不同变量之间的关系。例如，可以使用气泡图来展示销售额与广告投入和产品价格之间的关系。

（2）多维数据比较：气泡图适用于比较多个变量之间的关系和趋势。通过气泡的大小和颜色来表示不同变量的值，可以同时展示多个维度的信息。这有助于识别变量之间的模式、相关性和异常情况。

（3）地理数据可视化：气泡图还可以用于地理数据的可视化。通过将气泡放置在地图上的特定位置，可以将地理位置信息与其他变量的值关联起来。例如，可以在地图上显示各个城市或国家的气泡，用气泡大小区分人口数量，用气泡颜色区分经济指标。

（4）科学研究和实验数据分析：气泡图可以在科学研究和实验数据分析中提供有用的信息。例如，在生物学研究中，可以使用气泡图来展示不同物种之间的关系，气泡的大小可以表示物种的数量，颜色可以表示其他特征。

气泡图是一种多变量和可交互的数据可视化工具，可以帮助我们观察和理解多个变量之间的关系和变化趋势。它在数据分析、市场研究、科学研究等领域具有广泛的应用价值。

在做气泡图的时候，可以直接让 ChatGPT 生成数据和操作步骤，然后按照步骤进行操作就行。根据已知数据生成气泡图的具体操作如图 3.16 所示。

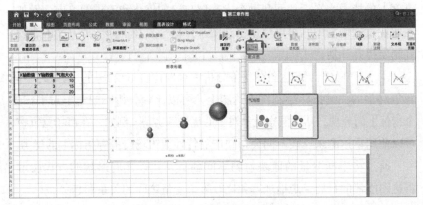

图 3.16　Excel 中的气泡图

3.8　雷达图

雷达图也被称为蜘蛛网图或星型图，是一种常用的多变量数据可视化图表。它以一个中心点为起始，从中心点向外延伸的每条轴代表一种数据变量，形成一个多边形。数据的值通过节点位置或节点与中心点之间的距离来表示，以展示不同变量的变量趋势并进行比较。

以下是雷达图的几个常见的作用及使用场景。

（1）综合评估：雷达图适用于综合评估多个因素或维度。通过将每个变量映射到不同的轴上，雷达图可以同时展示多个变量的值，并将其转化为一个几何形状，从而帮助用户直观地比较不同的因素或维度。例如，在产品评估中，可以使用雷达图来综合评估产品在不同方面的性能和特征。

（2）规划和决策：帮助用户进行规划和决策也是雷达图常见的应用场景。通过将不同备选方案的关键指标绘制在雷达图上，可以直观地比较不同方案在各个指标上的表现，进而支持决策过程。例如，在项目管理中，可以使用雷达图来评估不同项目的进展情况，并确定需要调整的方面。

（3）评估个人能力与发展：雷达图可以评估个人能力和未来发展方向。通过将不同维度的能力绘制在雷达图上，可以直观展示个人在各个维度上的能力水平，从而帮助个人理解自己的优势和改进的方向。例如，在职业发展规划中，可以使用雷达图来评估个人在不同能力方面的表现，并制定提升计划。

（4）竞争分析：雷达图在竞争分析中也发挥着重要作用。通过将不同竞争对手的关键指标绘制在雷达图上，可以比较分析不同竞争对手在各个指标上的表现，从而洞察竞争对手的优势和劣势。例如，在市场竞争中，可以使用雷达图来比较不同公司在产品特性或市场份额等指标上的优劣。

通过将不同变量的值映射到不同轴上，并以几何形状的方式展示，雷达图能帮助我们直观地理解和比较多个变量之间的关系和趋势。

对于雷达图的更多理解和操作，也可以借助ChatGPT，例如，向ChatGPT进行提问："请给出雷达图的作用及使用场景，以及插入雷达图的方法和步骤。"ChatGPT即可根据提问给出相关回答。

已知一组数据，要想生成雷达图，可以在"插入"选项卡下单击"插入瀑布图、漏斗图、股价图、曲面图或雷达图"按钮，在弹出的选项中选择"雷达图"中的一种，即可生成雷达图。制作雷达图的操作步骤如图3.17所示。

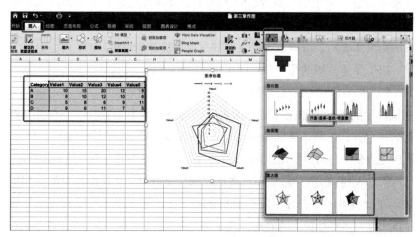

图 3.17　Excel 中制作雷达图

3.9 热力图

热力图通常指的是一种数据可视化图表，用于展示二维数据矩阵中各个单元格的值。热力图通过使用颜色来表示数据的大小或频率，从而使用户能够直观地观察到数据的模式、趋势和异常情况。

以下是热力图的几个常见的作用及使用场景。

（1）数据分析和探索：热力图适用于数据的分析和探索。通过使用不同颜色来表示数据的值或频率，热力图可以帮助用户快速地发现数据中的模式和趋势。例如，在金融领域，可以使用热力图来展示财务指标（如利润、销售额等）的变化情况和相关性。

（2）市场研究和竞争分析：热力图在市场研究和竞争分析中发挥着重要作用。通过使用颜色来表示不同市场区域或竞争对手的数据指标，例如销售额、市场份额等，可以迅速比较和分析不同地区或竞争对手的业绩和趋势。

（3）用户行为分析：热力图可以用于分析用户的行为和互动。例如，在网页分析中，可以使用热力图来展示用户在网页上单击、移动鼠标和滚动鼠标滚轮等行为，从而了解用户的注意力焦点和互动偏好。

（4）时间序列分析：热力图可以用于时间序列数据的分析和可视化。通过将时间表示在一个轴上，将数据的值表示在另一个轴上，并使用颜色表示数据的大小或频率，可以展示出一段时间内数据的变化和趋势。

（5）图像处理与计算机视觉：热力图在图像处理和计算机视觉领域也有广泛的应用。例如，在热红外图像中，可以使用热力图来表示不同区域温度的分布情况；在目标检测中，可以使用热力图来展示不同区域的目标检测置信度。

通过使用颜色来表示数据的值或频率，热力图能帮助我们发现和理解数据中的模式、趋势和关联。

在询问 ChatGPT 如何制作热力图的时候，可能会遇到它"胡说八道"的情况，如以下回答。

在Excel中创建热力图可以通过以下步骤完成。

（1）准备数据：将数据整理成矩阵形式，包括行和列。保证数据按照行列正确排序。

（2）选择数据：选中整个数据区域，包括行和列标题，以及各个数据值。

（3）插入热力图：在Excel的菜单栏中，选择"插入"选项卡，在"图表"集合中找到"热力图"，单击下拉按钮，选择适合的热力图样式，如2D热力图、3D热力图等。

（4）自定义热力图样式：一旦热力图插入Excel中，您可以进行进一步的自定义设置，如添加标题、调整颜色映射、修改坐标轴标签等。

（5）调整数据范围：如果需要调整热力图显示的数据范围，可以单击热力图中的数据点，然后在"图表设计"选项卡的"数据"组中选择"选择数据"。在弹出的对话框中，您可以更改图表系列的数据范围以更新热力图的显示。

（6）完善热力图：根据需要对热力图进行其他修改或格式化，如添加数据标签、调整图例等。

但其实Excel中并不直接提供热力图的图表类型，于是我们需要调整思路，改变提问方向从而解决问题。

🖒 提问思路

由于Excel不支持热力图图表类型，如果直接询问可能会出错，那么我们需要把这个情况作为万能公式模板中【问题描述】的一个背景让ChatGPT知道，并根据这个背景重新对之前的问题进行回答。

🖩 问： 我的Excel版本中没有热力图支持，我也不想安装插件，我该如何在Excel中实现之前提问的制作热力图的效果？

⑥ ChatGPT回答：

如果您的Excel版本没有热力图功能且不想安装插件，您仍然可以使用条件格式或自定义图表来模拟热力图的效果。下面是一种使用条件格式来创建简单热力图的方法。

（1）选择数据范围：选择包含您要创建热力图的数据范围。

（2）添加条件格式：在 Excel 的菜单栏中，选择"开始"选项卡，在"样式"组中找到"条件格式"按钮并单击，然后在下拉列表中选择"新建规则"。

（3）创建规则：在弹出的对话框中，选择"双色刻度"，然后从"值"下拉菜单中选择"百分比"。然后，根据您的数据范围和具体需求，设置适当的规则。

（4）选择颜色映射：设置完规则后，在"底部格式"下面的颜色映射选项中，选择适当的颜色映射方案。您可以自定义颜色映射，也可以使用预设的颜色映射。

（5）应用规则：单击"确定"按钮来应用创建的条件格式规则。

按照上述思路在 Excel 中进行操作，即可得到效果相同的热力图，如图 3.18 所示。

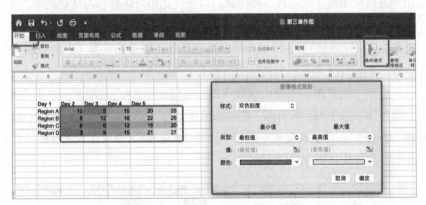

图 3.18　Excel 中制作热力图

3.10　漏斗图

Excel 中的漏斗图是用于展示转换率和流失率等数据的变化趋势，特别适用于市场营销、销售和业务流程分析等领域。漏斗图的上宽下窄的特点可以反映输入数据的逐步筛选过程，能帮助用户更好地理解和分析数据。

以下是漏斗图的几个常见的作用及使用场景。

（1）营销转化率：漏斗图可以帮助营销团队更好地了解客户经过不同

的交互过程后转化的相关数据，以便确定优化策略及提高转化率。

（2）销售进展情况：漏斗图可以呈现各销售阶段的客户和销售业绩，帮助销售团队确定哪些环节需要重点关注和阐明，以更好地提高销售量。

（3）业务流程效率：漏斗图可以帮助企业更好地掌握整个业务流程中的转换率和流失率，识别使流程变得烦琐或低效的关键点以优化流程，最大限度地降低成本和提高效率。

（4）产品规划：漏斗图可以用于展示不同阶段的产品开发流程，包括设计、研发和销售等方面。以此得到准确的数据和反馈信息，更好地提高产品品质和流行度。

（5）网站访问率：漏斗图可以呈现不同的访问来源和渠道，展示阻碍用户进行购买或访问的环节和问题，以便优化用户体验和网站访问率。

对于漏斗图的理解和操作，也可以借助 ChatGPT，例如，向 ChatGPT 进行提问："请给出漏斗图的作用及使用场景，以及插入漏斗图的方法和步骤。"ChatGPT 即可根据提问给出相关回答。

已知一组数据，要想生成漏斗图，可以在"插入"选项卡下单击"插入瀑布图、漏斗图、股价图、曲线图或雷达图"按钮，在弹出的选项中选择"瀑布图"，然后在弹出的选项中选择"漏斗图"，即可生成漏斗图。具体的作图操作如图 3.19 所示。

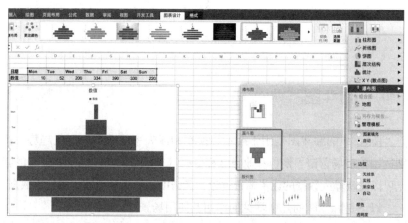

图 3.19　Excel 中更改图像类型为漏斗图

3.11 ChatGPT让图表更加完整美观

前面我们学习到了在Excel中怎么制作各种类型的图表，以及如何修改它们的基础配置以满足数据信息的传达需求，但是基本上都是使用默认的配色、字体等，整体不够正式和美观。本节将利用ChatGPT让图表更加美观且具有可读性。

首先我们要介绍一款功能强大且易于使用的数据可视化库——ECharts，它在数据分析、数据监控、报表展示、地理信息等领域都有广泛的应用。在它的官网单击"所有示例"后，会出现如图3.20所示的界面。

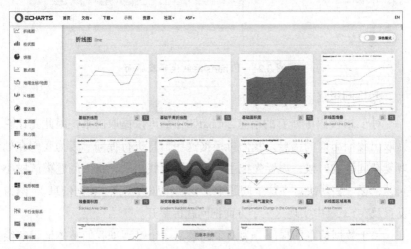

图 3.20　Echarts官网示例

由于ECharts是一个基于JavaScript的开源可视化库，用于创建交互式的图表和数据可视化应用，所以点进任何一张图像，都会有一段可修改的并且能够画出图像所有要素的一段JS代码。我们可以直接复制链接进入ChatGPT并向它提问，这样就解决了低版本的ChatGPT中无法直接发送图像进行提问的局限性。并且代码会让信息传递更加准确，我们也不需要懂得JS代码的书写和阅读，直接交给ChatGPT即可。但是用Echarts的图进行提问，并且在Excel中做出想要的相似的图像，是需要很多技巧的。下面我们一边实践，一边来了解这些技巧。

图 3.21 是一段可以画出气泡图的代码的页面。

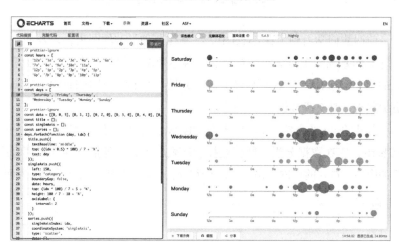

图 3.21　Echarts 示例代码及界面

📤 提问思路

对于 JS 代码中所有的信息，ChatGPT 都可以提取出来，因此先让它提取出我们需要的信息，我们再根据这些信息进行提问。因为我们在处理复杂问题的时候，需要先把主要影响因素找出来，将大问题拆解成小问题，逐个去解决。在这个问题中，我们按照数据点（数据信息）、图像设置及在 Excel 中实现这三个方面把问题拆解开。

关于数据信息的提问分为两个问题，一个是帮助我们整体地了解绘制的图像（传递的信息），另一个是提取出来相关的数据。

> 🗓 **问 1:**　你现在是 ECharts 图表专家，请根据下面这段代码，解析代码所绘制的图中包含了哪些信息:【复制的代码】。
>
> 🗓 **问 2:**　你现在是 ECharts 图表专家，请根据下面这段代码，把数据提取出来，并用表格的形式输出给我:【复制的代码】。

ChatGPT 针对第一个问题的回答如下。

根据提供的代码，可以解析出图表包含以下信息。

（1）图表类型：散点图（scatter）。

（2）图表标题：标题根据title数组进行配置，标题内容分别为星期几。

（3）坐标轴：图表使用了单轴式（singleAxis）的布局方式，每个星期的水平轴表示一个单独的坐标轴。水平轴显示了小时（hours），垂直轴显示了星期几（days）。

（4）散点数据：数据在data数组中进行了配置，每个元素表示一个散点的位置和大小。数据的第一个元素表示星期几的索引（0～6），第二个元素表示小时数的索引（0～23），第三个元素表示散点的大小。

（5）提示框：配置了一个位于图表上方的提示框，可以显示散点的具体位置信息。

综上所述，该图表用于展示每天不同小时的散点情况，可以根据散点的大小判断该时段的某个指标值（如数据量、活跃度等）。

在大致了解了图像信息后，ChatGPT根据第二个问题解析出来的数据信息如表 3.1 所示。但是我们发现，用ChatGPT去解析稍微复杂或者数量多一些的数据，尤其是需要转化输出格式的时候，它会出现某些数据不准确的情况，但是只要误差范围可以接受就没有关系，后续可以根据自己的需要对数据进行修改。

表 3.1　气泡图数据表

时间	Saturday	Friday	Thursday	Wednesday	Tuesday	Monday
01a	1	0	1	3	3	0
02a	0	0	0	0	0	0
03a	0	0	0	0	3	0
04a	0	0	0	0	0	0
05a	0	0	0	0	0	0
06a	0	0	0	0	0	0
07a	0	0	0	0	0	0
08a	0	0	0	0	0	0

续表

时间	Saturday	Friday	Thursday	Wednesday	Tuesday	Monday
09a	0	0	0	0	0	0
10a	0	5	3	5	7	1
11a	2	2	2	4	1	3
12a	4	2	1	7	5	4
01p	1	6	0	1	2	0
02p	1	9	0	0	3	0
…	…	…	…	…	…	…

接下来我们继续询问第三个问题：

"你现在是 ECharts 图表专家，请帮我把下面的代码中设置的字体型号和大小相关的信息提取出来：【复制的代码】。"

下面是它针对这个问题的回答：

根据提供的信息，可以将代码中的以下关键信息提取出来。

（1）在 title 数组中，每个元素都包含了以下信息。

textBaseline 属性：定义了文字的垂直对齐方式。

top 属性：调整文字的位置。

（2）在 singleAxis 数组中，每个元素都包含了以下信息。

data 属性：时间轴上显示的每个标签。

top 属性：控制该时间轴的垂直方向位置。

axisLabel 属性：轴标签的相关特性。

interval 属性：调整轴标签的显示间隔。

（3）在 series 数组中，每个元素都包含了以下信息。

data 属性：该系列中的所有数据。

以下是提取的代码注释和对应代码的解释：

```
// 对标题进行配置
days.forEach(function(day, idx) {
    title.push({
```

```
            textBaseline: 'middle', // 定义标题文字的垂直对齐方式为居
                                    // 中对齐
        top: ((idx + 0.5) * 100) / 7 + '%', // 根据行数计算标题的垂直
                                    // 位置
        text: day // 根据星期几的字符设置标题的文本
});
// 对单轴进行配置
singleAxis.push({
        left: 150, // 时间轴的左侧距离设置为 150
        type: 'category', // 类型为分类类型
        boundaryGap: false, // 去除轴距离两端的空白
        data: hours, // 时间轴的标签
        top: (idx * 100) / 7 + 5 + '%', // 根据行数计算单轴的垂直位置
        height: 100 / 7 - 10 + '%', // 单轴的高度根据行数进行设置
        axisLabel: {
        interval: 2 // 通过设置轴标签的interval属性，调整轴标签的显示
                // 间隔
    }
  });
// 对散点图集合进行配置
series.push({
    singleAxisIndex: idx, // 该系列数据所使用的时间轴的索引
    coordinateSystem: 'singleAxis', // 设置散点图的坐标系为单轴
    type: 'scatter', // 类型为散点图
    data: [], // 系列数据，初始为空
    symbolSize: function(dataItem) {
        return dataItem[1] * 4; // 用于设置散点图符号的大小
    }
  });
});
```

```
// 根据提供的数据，对散点图集合中的每个散点进行设置
data.forEach(function(dataItem) {
    series[dataItem[0]].data.push([dataItem[1],
dataItem[2]]);
});
```

根据上面代码中关于图像的配置，可以设置相应的指标。

最后，我们针对如何在 Excel 中来实现进行提问，因为根据之前在 Excel 中做气泡图的相关知识可知，ChatGPT 提供的数据是无法作图的。所以我们需要给 ChatGPT 提要求，让它进行数据形式的转换，将字符串型数据转换为递增数值型数据（因为作图的时候需要具体的数值），并且气泡大小为 value 值，x 轴为 day，y 轴为 hour，以表格形式输出。当然，也可以自己复制数据到 Excel 中，按照需求自行修改。

一切准备就绪，我们就可以直接在 Excel 中画气泡图了，画完气泡图之后再进行格式的选择和修改。关于颜色的调整，我们可以用取色器直接吸取网页中各个气泡的颜色，并将透明度修改为 20%，如图 3.22 所示。

图 3.22　Excel 中吸取颜色

画好的图像如图 3.23 所示。

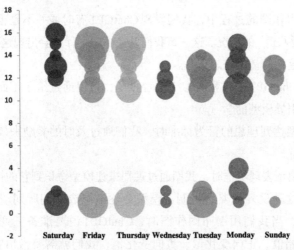

图 3.23　Excel 中复现气泡图

大家可以自行尝试去画其他图像，虽然 Excel 支持的图像种类有限，有些 ECharts 的图无法在 Excel 中绘制，但是大家在实践中会对用 Excel 作图越来越熟练。如果工作与学习中用到相似图像的频率很高，那么也可以将做好的图像存成模版（单击"更改图表类型"，在下拉列表中选择存为"模版"），下次做类似的图像时直接使用模版，具体操作如图 3.24 所示。

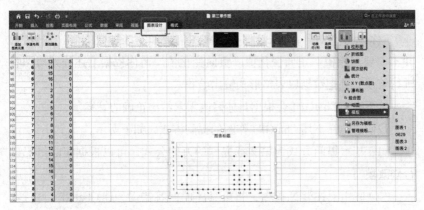

图 3.24　在 Excel 中作图并存为模版

3.12 ChatGPT作图的提示词推荐

在学习作图的过程中，我们发现 ChatGPT 有时候并不是很好用，会出现"胡说八道"的情况。这一节我们就来了解为什么会出现这样的情况，以及遇到这样的情况该怎么办。

调教 ChatGPT 的过程类似于教育孩子，可以通过给予正面反馈或负面反馈来引导模型的学习。

当模型达到理想的行为标准时，我们通过及时的奖励来鼓励模型继续做得更好。

而当模型表现不佳时，我们通过惩罚来让模型意识到它的错误。

通过这种反复的奖惩机制，模型会逐渐形成我们所期望的行为规范。例如，当我们用瀑布图作图时，ChatGPT 说要准备三列数据，分别代表起始值、正向变化值、负向变化值，我们就需要指出它的问题。可以直接说"你说得不对"，让它自己去找最有可能造成错误的点并修改。但是要直接给出清晰的指令，让它指出具体哪方面有错，这样会更有效率。我们可以直接打开错误的瀑布图中的数据设置，如图 3.25 所示。

可以发现，它的数据需求有系列数据、水平轴数据及 Y 轴数据。对于系列，我们可以忽略，因为我们就先做一个系列的图，所以根据 Excel 中填写的数据需求，可以向 ChatGPT 直接提出具体的修正需求，即：

"你说得不对，在 Excel 中作瀑布图需要填写 X 轴数据和 Y 轴数据，并不需要起始值、正向变化值、负向变化值。请你根据上述描述对回答进行修改，并把数据以表格形式输出给我。"

接下来，ChatGPT 会根据具体修改需求给出正确的答案。

我们总结一下用 ChatGPT 作图的提问方法，如下所示。

（1）基本提问方式为第 2 章提到的万能公式，可以根据实际情况进行修改填写。

（2）使用上述奖惩指令，指出具体的回答错误，让 ChatGPT 自行修正回答。

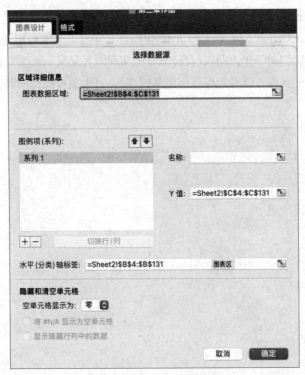

图 3.25 Excel 作图的数据选择

（3）使用第三方工具（比如 ECharts 等作图交互式网页）作为知识来源，让 ChatGPT 在固定的知识领域进行解析和回答，辅助我们制作出更好的图表。

3.13 小结

本章我们学习了 Excel 中支持的基础图表，包括折线图、柱形图、饼图、散点图、条形图、瀑布图、气泡图、雷达图和热力图等。在图表的介绍中，我们通过 ChatGPT 了解了它们的基本使用情况，包括图表包含的信息、使用场景，以及在 Excel 中如何实现。在作图过程中，针对 ChatGPT 出现"胡说八道"的现象，我们学习到了如何处理这种情况，即在对话中使用奖惩指令，指出具体的错误。另外，为了让图表更加美观且具有可读性，我们了解了ECharts作图，并学习了如何利用网页提供的作图代码让ChatGPT协助我们在Excel中实现图表复现。通过本章的学习，结合不断的实践，读者能够熟练地掌握在Excel中制作各种图表。

▼
| 第 4 章 |

ChatGPT 教你做电商 618 大促分析

电商行业的高速发展孕育出了各种营销活动，其中每年 6 月 18 日都会有各种各样的大促活动。但是，面对海量的数据和复杂的营销策略，如果没有一个科学有效的分析方法，很难从中获取想要的有效信息。如果借助 ChatGPT，加上一些方法论和技巧，就能拥有一个完全适合自己水平的工具，来高效地分析 6 月 18 日电商大促的数据。

注意：本章使用的数据集来自改造后的天池数据集中的公开数据。

4.1　让ChatGPT来帮你厘清分析思路

当我们拿到一份数据的时候，需要用一些方法和步骤帮我们迅速整理出来一个分析思路，顺着明确清晰的思路一步步进行分析，能够事半功倍。

4.1.1　确定分析主题和指标

在做数据分析之前，我们一定要清楚此次数据分析针对的问题是什么，针对问题对数据指标进行确定及拆分。比如订单用户的转化率的定义为订单用户/全体用户，那么订单用户转化率的指标就拆分为订单用户及全体用户。如果将订单用户的转化率定义为订单用户/访问用户，这个时候订单用户转化率的指标就拆分为订单用户及访问用户。

数据指标的分析是为了让产品或业务更好地优化，我们了解到某个数据指标的变化趋势之后，要明确它对产品的实际意义是什么，并基于这个意义来确定我们的分析范围。只有把范围确定清楚了，数据分析的结果才能更精准地指导产品的改进和解决我们的实际问题。

我们的数据有两个表，分别包含了 618 数码产品类商品页面的用户行为信息和用户的基本情况，部分数据如表 4.1 和表 4.2 所示。

表 4.1　618 当天的用户行为信息

用户唯一标识	用户行为时间戳	商品唯一标识	商品二级分类	用户行为	购买金额
497566	1687095546	2570804	相机	加购物车	null
610240	1687103125	5708291	相机	收藏	null
558421	1687073643	5168681	音箱	购买	3813
993175	1687070980	3648222	耳机	购买	1218

表 4.2　用户基本信息

用户唯一标识	用户位置	用户性别	用户年龄
497566	广西	男	18
610240	湖南	男	25
558421	广东	女	36

接下来通过向 ChatGPT 提问来得到分析思路。

👆 提问思路

我们已经有了具体的数据，所以最方便的就是直接让 ChatGPT 接触数据，并根据真实数据给出思路建议。我们可以先复制用户行为信息数据，由于数据有几十万行，不可能全部复制，所以只复制几行内容（但是必须包含所有的列信息）。

> 📖 问：　你是一个经验丰富的数据分析师，当你看到这份数据的时候，请帮我整理出来一份完整的分析思路：【复制的内容】。

⑤ ChatGPT回答：

1.用户行为分析

分析各种用户对商品的操作行为分类的分布情况，如加购物车、收藏、浏览和购买的次数；分析用户行为分类的转化率，如加购物车转化为购买的比率、收藏转化为购买的比率等。

2.商品分析

分析不同商品二级分类的销售情况，了解不同类别的商品的受欢迎程度；分析不同商品的平均购买金额，了解不同商品的价值。

3.用户分析

统计不同用户对商品操作的次数，了解不同用户的活跃度；分析不同用户的购买金额，了解不同用户的购买力。

4.时间分析

分析用户行为在不同时间段的分布情况，了解用户的活跃时间段；分析用户行为在不同时间的转化率，如用户在工作日和周末的购买转化率。

以上是基于给出的数据进行的初步分析思路，具体的分析方法和技巧需要根据实际情况和问题的目标来确定。

我们根据ChatGPT所提供的方向结合数据和自身需求，确定出如下分析主题：分析 6 月 18 日当天浏览过数码产品类的用户和他们的行为（了解不同的用户"浏览–收藏–加购–购买"的转化率是怎样的；什么样的用户对于什么样的商品更有兴趣，需要重点营销等）。根据类似的提问方式让ChatGPT给出该分析主题下需要用的指标，参考这些指标及分析需求，我们可以定义出如下指标。

（1）转化率相关指标：浏览收藏率（收藏行为次数/浏览行为次数）；收藏加购率（加入购物车行为次数/收藏行为次数）；加购购买率（购买行为次数/加入购物车行为次数）。

（2）流量指标：浏览PV；浏览UV；收藏PV；收藏UV；加购PV；加购UV；购买PV；购买UV。（其中，PV是指次数，UV是指人数）。

（3）订单和用户价值相关指标：订单数；订单总额；下订单人数；

ARPU值（订单金额/下订单人数）。

4.1.2　数据预处理方法确定

想要建立初步确定的指标，需要对数据进行清洗和处理，这一步叫作数据预处理，是为了方便之后的分析。

先对每一列数据进行观察，记录一些基础问题。

（1）用户唯一标识有 299190 个，无空值，数据类型为字符串。

（2）用户行为时间戳有 299180 个，存在 10 个空值，数据类型为字符串，格式为时间戳格式。

（3）商品唯一标识有 299000 个，存在 190 个空值，数据类型为字符串。

（4）商品二级分类中存在相机（38600 个）、音箱（29900 个）、耳机（81000 个）、手机（149590 个），有 100 个空值，数据类型为字符串。

（5）用户行为分类存在浏览（130230 个）、收藏（69460 个）、加购物车（55156 个）、购买（40730 个），有 3614 个空值，数据类型为字符串。

（6）有购买金额的有 40534 个，由于购买金额只对应于购买行为，意味着购买行为中存在没有购买金额的缺失值 196 个。

（7）用户基本信息中的数据都是全的，用户年龄为数值类型。

接下来仍然是对 ChatGPT 进行提问。

📋 提问思路

如何去选取合理且必要的数据预处理方法，应该考虑两个方面：一个是数据基础，可以理解为数据的质量情况、特征的重要性和关联程度等因素；另一个是分析目的。

> 📖 问：　你是一个经验丰富的数据分析师，我的数据情况如下：【数据的基本情况】，现在需要【分析主题】，并需要得到如下【数据指标】，请给我一些进行数据预处理的提示及原因。

⑤ChatGPT回答：

对于数据处理的提示和原因，我建议你采取以下步骤。

（1）处理缺失值：对于存在空值的字段，可以选择删除或填充缺失值。由于用户行为时间戳、商品唯一标识和用户行为分类中的空值较少，可以考虑删除空值所在的行。对于购买金额的空值，可以先将其标记为 0，表示该行为没有购买金额。

（2）转换数据类型：将用户行为时间戳的数据类型转换为日期时间格式，方便后续的时间序列分析。

（3）删除重复值：对于用户唯一标识和商品唯一标识中的重复值，可以选择删除，保留唯一的标识。

（4）计算转化率：根据用户行为分类的不同，对用户进行分类，然后统计每个分类下用户的数量，计算不同行为之间的转化率。例如，计算浏览到收藏的转化率、收藏到加购的转化率，以及加购到购买的转化率。

（5）分析用户价值：根据购买金额字段，对不同用户的购买金额进行统计和分析，了解哪些用户购买金额较高，可以将其视为有价值的用户，并在营销策略中重点关注。

（6）分析商品价值：根据商品二级分类和购买金额字段，对不同商品的购买金额进行统计和分析，了解哪些商品的购买金额较高，可以将其视为有价值的商品，并加大对这些商品的推广力度。

（7）其他分析：可以对用户年龄进行统计分析，了解不同年龄段的用户的购买行为和金额，以及对不同商品的偏好，为个性化推荐和定向营销提供依据。

通过以上数据预处理和分析，你可以更好地了解不同用户的转化率，以及不同商品的价值程度，进而制定更有效的营销策略。

根据 ChatGPT 的提示和前面学到的方法，可以得到数据预处理的思维导图，如图 4.1 所示。可以结合思维导图中的预处理方法应用场景和 ChatGPT 给出的答案，得出适用于本次分析的方法。

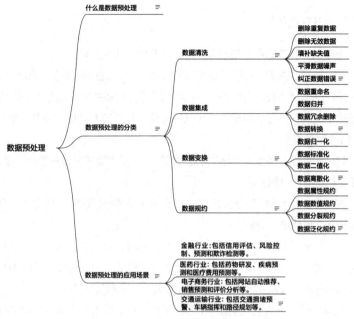

图 4.1　数据预处理思维导图

结合上述回答及我们的需求，以及对数据的判断，得出如下分析思路和步骤。

（1）先进行数据预处理：删除用户行为时间戳、商品唯一标识和用户行为分类中的空值；将用户行为时间戳的数据类型转换为日期时间格式；将用户年龄进行分类处理，处理成不同年龄段；将地理位置分为华南、华东、华北等区域（因为省份信息过多，会把数据稀释掉，后续分析可能会由于数据样本不够而得不出有效结论，所以需要把省份信息处理成地域信息）。

（2）将用户行为数据和用户信息数据关联，做成一张 Sheet 表。在此基础上把上述所有的相关指标做出来。

（3）在完整的数据上对用户进行分类，观察不同的用户在行为上有什么差异，判断哪些是高价值用户，都有什么特点。

4.2 让ChatGPT来教你在Excel中实现数据分析

4.2.1 数据预处理和搭建指标

通过前面的操作，已经有了数据处理方法及指标框架，接下来通过在Excel中进行实践来加深理解。先用以前学到的知识对部分数据进行删除。

当涉及数据的格式转换和数据关联的时候，需要用一些Excel中的函数来实现。理解且灵活使用函数需要花费很多时间，有了ChatGPT，直接通过提问技巧，就可以快速掌握这些函数的应用方法。

1. 询问在 Excel 中函数的写法

如果想在Excel中使用函数来实现数据处理，那么可以直接套用之前的提问模板。

> 📖 问：　你是一个经验丰富的数据分析师，我想要知道在Excel中如何实现【想要得到的结果】，请列出在Excel中操作的必要步骤。

如需要进行时间戳的格式转化，就在ChatGPT中输入以下提示词。

> 📖 问：　你是一个经验丰富的数据分析师，请列出在Excel中实现时间戳转换成日期格式的必要操作步骤。

以下是ChatGPT的回答。

> ⑤ ChatGPT回答：
>
> 要将时间戳转换为日期格式，可以按照以下步骤进行操作。
>
> （1）打开Excel表格，并确保时间戳数据位于一个单元格中。
>
> （2）在另一个单元格中，使用Excel的日期函数DATEVALUE或者TO_DATE。例如，如果时间戳数据位于A1单元格，则可以在B1单元格中使用公式=DATEVALUE（"1970/01/01 00:00:00"）+A1/86400 来转换秒级时间戳为日期格式。

（3）按下"Enter"键后，B1 单元格将显示与时间戳对应的日期。若需要显示时间信息，可以设置 B1 单元格的格式为日期时间格式（如"yyyy-mm-dd HH:mm:ss"）。

需要注意的是，上述公式的 86400 是一天的秒数，用来将单位从秒转换为天。如果你的时间戳以毫秒计量，需要使用 86400000 来将时间戳转换为天数。

要注意的是，时间戳格式转换成日期格式之后的数据仍然是一个数值，需要进行格式设置，在"设置单元格格式"对话框中选择日期格式才算真正完成转化。对于日期格式，可以自行选择，如果没有想要的日期格式，可以自定义。由于此处的日期均是 6 月 18 日，所以我们也可以选择不显示具体的年月日，只显示该天的时间段。具体的设置如图 4.2 所示。

图 4.2　Excel 中自定义数据格式

可以按照相同的方法向 ChatGPT 提问如何将年龄进行分组，ChatGPT 的回复如下。

可以使用 Excel 的公式和函数来将数值类型的年龄转换成分组。

一种常用的方法是使用 Excel 的 IF 函数和 AND 函数来实现，例如：

=IF(AND(A1>=18, A1<=25), "18-25 岁", IF(AND(A1>=26, A1<=35), "26-35 岁", IF(AND(A1>=36, A1<=45), "36-45 岁",

IF(AND(A1>=46, A1<=55), "46-55 岁", IF(A1>=56, "56 岁及以上", "未知")))))

想将用户信息合并到一个 Sheet 中，ChatGPT 的回复如下。

可以使用 VLOOKUP 函数实现两个 Sheet 中的数据关联，需要在第一个 Sheet 中建立一个搜索键值列，并在第二个 Sheet 中建立一个结果列。然后使用 VLOOKUP 函数将搜索键值列和结果列作为参数进行匹配。具体函数公式为：=VLOOKUP(搜索键值, 范围, 索引, [近似匹配])。

使用 HLOOKUP 函数实现两个 Sheet 中的数据关联，需要在第一个 Sheet 中建立一个搜索键值行，并在第二个 Sheet 中建立一个结果行。然后使用 HLOOKUP 函数将搜索键值行和结果行作为参数进行匹配。具体函数公式为：=HLOOKUP(搜索键值, 范围, 索引, [近似匹配])。

使用 INDEX 和 MATCH 函数实现两个 Sheet 中的数据关联，需要在第二个 Sheet 中建立一个搜索键值列，并在第二个 Sheet 中建立一个结果列。然后使用 MATCH 函数查找搜索键值在第一个 Sheet 中的位置，再使用 INDEX 函数返回结果列中相应位置的值。具体函数公式为：=INDEX(结果列, MATCH(搜索键值, 搜索键值列, 0))。

根据以上回答，将公式中必要的单元格信息进行替换后，在 Excel 中的操作实例如图 4.3 所示。

用户唯一标	用户行为时间戳	用户行为日期	商品唯一标	商品二级分	用户对商品	购买金额
497566	1687095546	=DATEVALUE("1970/01/01 00:00:00")+B2/86400				null
610240	1687103125	2023/6/18 15:45	5708291	耳机	收藏	null
558421	1687073643	2023/6/18 7:34	5168681	音箱	购买	3813.32588
993175	1687070980	2023/6/18 6:49	3648222	耳机	购买	1218.73006
191337	1687091180	2023/6/18 12:26	7078700	音箱	加购物车	null
163834	1687089608	2023/6/18 12:00	1275017	音箱	浏览	null

用户唯一标识	用户位置	用户年龄	用户性别	用户年龄分组
497566	广西省	18	男	=IF(AND(E3>=18, E3<=25), "18-25岁", IF(AND(E3>=26, E3<=35
610240	湖南省	25	男	18-25岁
558421	广东省	36	女	36-45岁

用户唯一标	用户行为时间戳	用户行为日期	商品唯一标	商品二级分	用户对商品	购买金额	用户年龄分组
497566	1687095546	2023/6/18 13:39	2570804	相机	加购物车	null	=VLOOKUP(A2,Sheet1!B2:F5,5,1)
610240	1687103125	2023/6/18 15:45	5708291	相机	收藏	null	18-25岁
558421	1687073643	2023/6/18 7:34	5168681	音箱	购买	3813.32588	36-45岁

图 4.3　Excel 中的函数运用示例

最后需要将省份的信息进行分组，这个时候用到的也是VLOOKUP函数，先将地域信息都列出来，如表4.3所示。

表 4.3　Excel数据透视表显示各商品购买行为漏斗数据

东北	西北	华北	华东	华中	华南	西南
辽宁	陕西	北京	山东	湖北	广东	四川
吉林	甘肃	天津	江西	湖南	广西	云南
黑龙江	青海	河北	江苏	河南	海南	贵州
	宁夏	山西	安徽			西藏
	新疆	内蒙古	浙江			重庆
			福建			
			上海			

把上述地域信息按照省份一列、地域信息一列处理好。用VLOOKUP函数将对应信息找到，并新增一列即可，这里不再赘述。

如果想系统地了解Excel中的函数，也可以参照第2章搭建知识脉络的方法进行学习。但是用数据实例来询问ChatGPT会更有效果。

2. 用数据透视表更好地搭建指标

在之前的操作中我们已经明确了分析指标，对于现有的数据做了清洗和处理。现在的数据已经具备了可用性，下面就要开始构建指标了。先来介绍一下分析数据必用到的数据透视表。

Excel中的数据透视表是一种数据分析工具，它可以通过对数据集进行透视和汇总来获得有用的摘要信息。数据透视表可以将大量数据以可读性较高的方式进行汇总和呈现，帮助用户发现数据中的趋势和关联，从而做出更好的决策。

数据透视表的主要功能包括以下几个方面。

（1）汇总数据：通过数据透视表，在几秒钟内就能够汇总大量的数据，包括数字、文本和日期等各种类型的数据。可以选择要汇总的数据字段和汇总方式，例如，求和、计数、求平均值、求最大值、求最小值等。

（2）重新组织数据：数据透视表可以重新组织原始数据的布局。可以将数据字段分配到行、列和值区域，从而以不同的方式组织和比较数据。

（3）过滤和筛选数据：通过数据透视表，可以针对特定的条件对数据进行筛选和过滤。这样可以更好地聚焦于想要的数据子集，以便进行更深入的分析。

（4）分组和排序数据：可以通过数据透视表对数据进行分组和排序，以便更好地理解数据之间的关系和趋势。

（5）动态更新数据：如果原始数据发生改变，数据透视表可以通过简单的刷新操作来更新汇总结果，从而及时反映最新的数据情况。

下面我们在 Excel 中实际操作一遍。

创建数据透视表的第一步是选中数据区域，直接选中数据区域左上角的第一个单元格，可以起到同样的效果，而且更方便操作；第二步是在工具栏中选择"插入"选项卡；第三步是单击"数据透视表"按钮；第四步在弹出的窗口中选择新建的数据透视表区域，可以选择相同 Sheet 中的空白位置，也可以新建一个 Sheet 进行存放，单击"确定"按钮即可。一般我们会选择新建一个工作表，如图 4.4 所示。

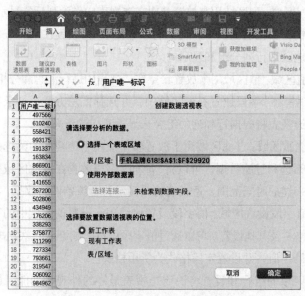

图 4.4　Excel 中创建数据透视表

建立好的数据透视表中包含的内容如图 4.5 所示。

图 4.5　Excel 中的数据透视表

以下几个重要的区域具有特定的作用。

（1）行区域：行区域用来放置希望在透视表中作为行标签显示的字段。比如有一个销售数据表，可以将"产品"字段放置在行区域中，透视表将根据产品进行分组和显示。

（2）列区域：列区域用来放置希望在透视表中作为列标签显示的字段。继续使用销售数据表的例子，可以将"地区"字段放置在列区域中，透视表将根据地区进行列分组和显示。

（3）值区域：值区域用来放置希望在透视表中进行汇总和分析的字段。可以将"销售额"字段放置在值区域中，并选择汇总方式，如求和、求平均值等，透视表将根据行和列的组合来显示相应的汇总值。

（4）过滤区域：过滤区域用于放置希望应用于透视表的筛选条件，以便进一步筛选和过滤数据。可以将"时间"字段放置在过滤区域中，并选择自己感兴趣的时间范围，透视表将只显示符合该条件的数据。

（5）值字段设置区域：值字段设置区域用于设置值区域中的字段的汇总方式、格式及其他设置。可以通过值字段设置区域更改汇总方式为计数、最大值或最小值，并设置字段格式为货币格式。

这些区域的组合和设置将决定透视表最终的外观和功能，帮助用户对数据进行汇总、分析和筛选，从而获得有意义的信息。

了解了每个区域的作用后，我们分别来根据之前敲定的分析指标来构建它们。首先是转化率指标：浏览收藏率(有过收藏行为的用户/有过浏览行为的用户)。关于这个指标没有直接可用的字段，需要根据用户行为进行分组并聚合计算。根据上述介绍可知，需要将用户行为放入行区域或者列区域，并在值区域放入用户唯一标识进行人数的计算。需要注意的是，由于用户唯一标识是数值型数据，所以在设置值字段的时候会默认进行求和计算。因此，需要在值汇总依据中手动改为计数，具体操作如图 4.6 所示。

图 4.6　Excel 数据透视表修改值汇总依据

这里的数据是按照所有用户行为汇总的数据，并没有按照商品的种类划分，所以我们把商品的种类信息也加进分组中，并按照浏览→收藏→加购→购买这一行为漏斗顺序调整行顺序进行观察。操作完的数据是不同用户行为的次数，将这些行为按照之前定义的转化率指标计算依据来进行计算，得到的最终数据如表 4.4 所示。

表 4.4　Excel 数据透视表显示各商品购买行为漏斗数据

购买行为	耳机	手机	相机	音箱
浏览收藏率	48.33%	55.90%	48.24%	47.27%
收藏加购率	62.62%	48.62%	51.42%	50.07%
加购购买率	78.67%	88.70%	69.42%	70.00%

用相同的方法也可以得到不同分组下的漏斗数据，比如按照用户地域、性别、年龄分组等。

接下来我们来构建流量指标。PV 即次数，很好构建，上面其实已经得到了，就是按照用户唯一标识计数。但是UV指人数，没有现成的数据，并且由于原始表格中的用户唯一标识会因为一个用户有重复的行为而发生重复记录的情况，原始数据中只有用户行为时间这个信息是唯一值，所以计算UV的询问步骤如下。

🖐 **提问思路**

根据上述分析可知，如果直接计数会发生重复记录的情况，所以现在的需求就锁定在如何去重并进行聚合。

> 🖩 **问：** 你是一个经验丰富的数据分析师，如果我的Excel表格中用户ID不是唯一且每个用户并非只计算一次的，这个时候怎么计算不同维度的UV？

⑤ ChatGPT回答：

如果在Excel表格中，用户ID不是唯一且每个用户可能出现多次，但你仍然想计算不同维度的UV，可以使用Excel中的函数和筛选来实现。以下是一个示例步骤。

（1）确保你的数据表中包含需要的字段，包括日期、用户ID和其他维度字段。

（2）创建一个新的工作表或在现有工作表中创建一个透视表。

（3）在透视表字段列表中，将日期字段拖放到"行"区域，将用户ID字段拖放到"值"区域。

（4）选择"值"区域中的用户ID字段，并右击，在弹出的快捷菜单中选择"值字段设置"。

（5）在弹出的"值字段设置"对话框中，将汇总方式设置为"计数"，以计算用户出现的次数。

（6）右击透视表中的任意单元格，在弹出的快捷菜单中选择"值字段设置"，然后在弹出的"显示值字段设置"对话框中，取消选中"显示值的总计"。

利用Excel的筛选功能，按需筛选和过滤不同维度的数据，例如按照日期、地区、性别等。

通过上述步骤，你可以在Excel表格中计算不同维度的UV。透视表将根据筛选条件和用户 ID 的不同组合，计算对应的 UV 数量。请注意，由于用户 ID 不唯一，所以 UV 计算结果可能不完全准确，但对于大多数情况，透视表仍然提供了对不同维度的 UV 估计。

上述操作其实就是将用户出现的次数全部计算为 1，再进行总计，就可以计算出不同维度下的 UV。具体的操作如图 4.7 所示，在购物行为中有些用户唯一标识出现了 2 次，但是对应的用户只有 1 个，所以这种情况需要把数量定义为 1，再计算得到该维度下的 UV。

用户对商品操作行为分类	购买
行标签	计数项:用户唯一标识
100542	1
100786	1
100928	1
101004	1
101031	1
101104	1
101163	1
101387	1
101444	1
101519	2
101836	1
102133	1
102801	1
102830	1
102845	1
102990	1
103283	1
103509	1
103516	1
103752	1
103805	1
103846	1

图 4.7　Excel 数据透视表计算 UV 的方法

用相同的方法把流量指标全部计算出来，供后续分析。

最后我们来计算用户价值指标，订单金额用数据透视表中的金额，值汇总方式选择总和即可，同理，订单数可以用值汇总方式定位计数，操作相对简单。ARPU 值的计算公式为订单金额除以下订单人数。

将指标都计算好后进入下一步，即整理一份完整的分析报告，得出相应结论。

4.2.2　分析文档搭建

我们先来了解一下分析文档的书写结构。分析文档的书写结构可以根据具体的需求和内容来设计，但通常应包括以下几个主要部分。

（1）引言/概述：在文档的开头，提供背景信息、目的和范围的简要介绍。解释为什么要进行这个分析，以及所要解决的问题或目标。

（2）分析方法/数据来源：介绍用于分析的方法、工具和数据来源。说明分析的过程和步骤，以确保可重复性和透明性。

（3）分析结果：这是文档的核心部分，展示数据分析的具体结果和发现。可以使用表格、图表、图形或其他可视化方式来呈现分析结果。在此部分中应清晰、准确地陈述每个分析点，可以使用适当的统计指标，如平均值、标准差、百分比等。

（4）结论：基于分析结果，得出结论和洞见，回答引言中提出的问题或总结达到的目标。结论应该简明扼要，并与引言中的目标和问题相呼应。

（5）建议/推荐：根据分析结果，提出具体的建议或推荐措施。这些建议应该基于可靠的数据和分析结果，并与目标相一致。

（6）附录/参考资料：如果需要，可以包含分析过程中使用的附加信息、源代码、数据表格、参考文献等。

除了上述核心部分，还可以根据需要添加其他部分，例如方法细节、限制和假设、讨论等。

📤 提问思路

需求是按照上述结构结合之前的分析思路和指标，让ChatGPT把分析框架填充完整，形成一份分析报告。所以需要先将上述结构复制到ChatGPT，告诉它这是分析的结构，让它记住。再将之前得到的分析思路或者目的、指标复制给它，让它给出书写建议。

> 🖩 问：　你是一个经验丰富的数据分析师，我的分析文档的主要思路和目的是【填写思路】，现有的指标包含【填写指标】，请按照上面的分析结构，告诉我这份报告应该如何书写。

> ⑤ ChatGPT回答：
>
> 根据你提供的指标，以下是我建议的报告结构。

（1）引言/概述。

简要介绍分析的目的：对用户进行分类，观察不同用户在用户行为上的差异，确定高价值用户的特点。

（2）分析方法/数据来源。

说明使用的数据来源和分析方法，以确保可重复性和透明性。

（3）转化率相关指标分析。

分析浏览收藏率，包括计算并解释该指标的意义和结果。

分析收藏加购率，包括计算并解释该指标的意义和结果。

分析加购购买率，包括计算并解释该指标的意义和结果。

（4）流量指标分析。

分析各项流量指标（浏览PV、浏览UV、收藏PV、收藏UV、加购PV、加购UV、购买PV、购买UV），包括计算并解释每个指标的意义和结果。

（5）订单和用户价值相关指标分析。

分析订单数，包括计算并解释该指标的意义和结果。

分析订单总额，包括计算并解释该指标的意义和结果。

分析下订单人数，包括计算并解释该指标的意义和结果。

分析ARPU值，包括计算并解释该指标的意义和结果。

（6）结论。

总结不同用户行为的差异和特点，并确定高价值用户的特征。强调关键发现和洞察。

（7）建议/推荐。

基于分析结果，提出具体的建议或推荐措施，以提高高价值用户的数量和价值。如果有必要，提供附加信息、源代码、计算公式、数据表格等。

以上只是一个基本的报告结构建议，你可以根据具体情况和需要适当调整和扩展每个部分的内容。在撰写报告时，确保每个分析点的呈现清晰、准确，并使用适当的图表或图形来支持分析结果的可视化展示。

接下来我们就按照它所提供的内容，对数据按照用户年龄段、地域、性别、商品分类这些维度进行拆分和分析。当然对于 ChatGPT 的回答也应该要保持质疑和批判，可以从现有数据的角度去观察，有哪些分析思路是它漏掉的，或者有哪些对分析主题是没有太大用处的。关于这点，可以把问题抛给它，让它自己进行"反思"，从而完善分析。我们自己在学习的过程中也应不断思考，将自己的思考结果和它的回答去对比，形成一套自己的分析思路。

为了让我们的分析更加完善，考虑采用下面的提问步骤。

🖱 提问思路

我们可以把 ChatGPT 之前给出的分析报告中所提到的数据和我们处理过的数据进行对比，看看是否有没用到的数据，针对没有用到的数据向 ChatGPT 进行提问，可能会得到一些没有考虑到的思考角度。

> 🖼 问: 是否没有把购买的时间段信息利用上，如果对分析有用，该如何使用？

🦾 ChatGPT回答:

购买的时间段可以提供有关用户购买行为的更多洞察，并帮助我们理解用户的购买偏好和行为模式。以下是一些可能的方式来利用购买时间段信息。

（1）购买时间段分布分析：将购买时间段按照小时或时间段进行分类，并计算每个时间段的购买次数或购买金额。通过分析购买时间段分布，可以找到用户购买行为活跃的时间段，了解用户购买的时间偏好。

（2）与其他指标的关联分析：将购买时间段与其他指标（如用户位置、用户年龄、商品分类等）进行关联分析，探索是否存在特定时间段与其他指标之间的关联性。例如，是否在特定时间段内，某一用户年龄段更倾向于购买某一类别的商品？

（3）购买时间段与转化率的关系：分析不同时间段内的用户购买转化率，比较不同时间段的转化率是否存在明显差异。这可以揭示用户在不同时间段中购买行为的积极度，为营销策略的制定提供有针对性的建议。

（4）时间段与购买金额的关联分析：计算不同时间段内用户购买行为产生的平均金额，并比较不同时间段内用户发生购买行为产生的金额水平。这有助于了解用户在不同时段内的购买决策因素和购买力度，从而调整促销策略和定价策略。

我们让 ChatGPT 把上述关于购买时间段的分析合并进之前的分析报告结构中，重新给我们一份完整的分析报告结构。时间段按照 4 个小时的间隔进行划分，如表 4.5 和表 4.6 所示。

表 4.5　按照用户行为时间段的转化率指标

转化率	0:00—4:00	4:00—8:00	8:00—12:00	12:00—16:00	16:00—20:00	20:00—24:00
浏览收藏率	54.00%	43.59%	62.00%	65.00%	70.00%	65.76%
收藏加购率	62.62%	48.62%	51.42%	50.07%	48.62%	48.62%
加购购买率	88.70%	50.43%	53.40%	56.35%	76.45%	94.00%

表 4.6　按照用户行为时间段的各类转化 PV

流量	0:00—4:00	4:00—8:00	8:00—12:00	12:00—16:00	16:00—20:00	20:00—24:00
浏览量	9,230	16,600	21,057	20,367	44,739	25,574
收藏量	5,016	7,236	13,114	13,239	31,317	16,817
加购量	3,141	3,518	6,744	6,629	15,227	8,177
购买量	2,786	1,774	3,601	3,735	11,641	7,686

接下来我们省略一些背景引言部分的书写，直接开始分析报告的主体部分，指标得出的数据呈现与分析结论如下。

（1）在所有时间段中，16:00—20:00 的浏览收藏率最高，为 70.00%，说明这个时间段的用户更倾向于浏览和收藏商品。

（2）4:00—8:00 这个时间段的浏览收藏率最低，为 43.59%，可能是因为大部分用户在这段时间处于休息或睡眠状态。

（3）加购购买率方面，在 20:00—24:00 这个时间段的比率最高，为 94.00%，说明在这个时间段用户更倾向于将商品加入购物车并完成购买。

（4）加购量和购买量方面，在 16:00—20:00 这个时间段都是最高的，分别为 15,227 和 11,641，说明这个时间段是用户最活跃的购买时间。

下面按照不同维度去观察指标，如表 4.7 至表 4.9 所示。

表 4.7　按照商品分类的转化率指标

转化率	耳机	手机	相机	音箱
浏览收藏率	48.33%	55.90%	48.24%	47.27%
收藏加购率	62.62%	48.62%	51.42%	50.07%
加购购买率	78.67%	88.70%	69.42%	70.00%

表 4.8　按照商品分类的各类转化 PV

流量	耳机	手机	相机	音箱
浏览量	89,512	102,736	69,838	36,879
收藏量	43,261	57,429	33,690	17,433
加购量	27,090	27,922	17,323	8,729
购买量	21,312	24,767	12,026	6,110

表 4.9　按照商品分类的流量指标和价值指标

各类指标	耳机	手机	相机	音箱
浏览 UV	88,617	101,709	69,140	36,510
收藏 UV	42,829	56,855	33,353	17,258
加购 UV	26,819	27,643	17,150	8,641
购买 UV	21,099	24,519	11,906	6,049
订单总额	12,573,966	77,892,149	48,536,330	21,684,348
ARPU 值	596	3,177	4,077	3,585

从表格中我们可知以下信息。

（1）从浏览收藏率来看，手机的浏览收藏率最高，为 55.90%，耳机位列第二，为 48.33%。这说明手机和耳机是用户浏览和收藏的热门商品。

（2）从收藏加购率来看，耳机的收藏加购率最高，为 62.62%，手机的收藏加购率最低，为 48.62%。这意味着用户对耳机的兴趣更大，并更倾向于将其加入购物车。

（3）在加购购买率方面，手机的加购购买率最高，为 88.70%，相机的为最低，为 69.42%。这说明用户对手机的购买意愿最强。

（4）根据绝对数量分析，手机的浏览量、收藏量、加购量和购买量都最高。音箱的各项指标最低，这表明音箱的整体市场需求较低。

（5）根据 UV、订单总额和 ARPU 的值分析，手机的订单总额最高，远高于其他品类。相机的 ARPU 值最高，表明相机的每个订单平均收入最高，即使其销量不如手机，也证明了其高价值属性。

后续的分析按照上述相同指标在不同维度上展开并得出结论，观察上述指标在性别、地域等维度上的表现即可。需要注意，可以在一个筛选条件中再继续拆分，比如在华北地区中，区分性别或商品分类，观察指标表现。由于上述数据是根据一个数据集进行改造的，所以结论不具有实际的参考意义，这里只是介绍思路，对于具体的数据，读者可以去各类网站上寻找并下载，按照上述思路和过程操作一遍后自行分析。

4.3　利用ChatGPT完善报告

在前面的分析中，我们通过数据创建了各种维度下的指标表格，并得出了相应的分析结论，这种文字和表格堆砌的分析文档虽然有实际的分析内容和结构，但是实在称不上是一份格式合格的分析文档。要得到一份可以展示给别人的文档，还需要做很多优化，我们还是交给 ChatGPT 来解决。

提问思路

我们可以把之前的分析结构发给 ChatGPT，让它根据这个分析结构来回答问题。再复制几个指标数据表格发给它，让它思考合理的建议。

问：按照以上的分析结构得到的分析结果都是这种类型的表格，怎么样才能让分析文档更丰富并且可读性更强？

⑤ **ChatGPT回答：**

要让分析文档更丰富并且可读性强，可以考虑以下几个方面。

（1）添加标题和段落：在每个部分的开头添加标题，用以标识该部分的内容。并在每个部分之间添加段落，使得文档结构清晰，易于阅读。

（2）添加解释和分析：在每个表格或指标的后面，添加解释和分析。解释每个指标的意义和计算方法，并分析其对用户行为的影响。这样可以帮助读者更好地理解数据，得到更深入的洞察。

（3）使用图表：除了表格，还可以使用图表来展示数据。例如使用条形图、折线图或饼图等，将数据可视化，更直观地展示变化和关联性。

（4）引用关键数据：在文档中引用关键数据，将其标记为重要指标，这样读者可以更容易地看到关键信息。

（5）添加结论和建议：在结论部分，总结分析的结果，并提出具体的建议。这样读者可以更好地理解分析的意义，并可以根据建议采取相应的行动。

（6）使用整齐的格式：确保表格、图表和文本的格式整齐一致，字体大小适中，有适当的行间距和段落间距。这样可以使文档更易于阅读和理解。

通过以上修订，可以使分析文档更加丰富和易于阅读，帮助读者更好地理解分析结果和获得洞察。

接下来按照上述回答中的几个方面去改进我们的报告。关于格式的更改，可以运用前面章节学习到的知识进行修改，如果操作仍然遇到问题，可按照之前总结过的提问方法准确描述问题，并交给 ChatGPT 去解决即可。关于可视化的呈现，可以继续向 ChatGPT 进行提问。

凸 提问思路

在 ChatGPT 中，直接把数据表格复制进去，在说明表格中各指标描述的情况后，向 ChatGPT 提问如何进行可视化效果会更好。

> 问：　按照表 4.7 和表 4.8 的内容，怎么样进行可视化呈现，可以让分析文档更丰富并且可读性更强？

⑥ ChatGPT 回答:

要让这张转化表格更加生动和具有可读性，您可以考虑以下操作。

（1）使用图表：将表格数据转化为漏斗图形式，可以更直观地展示转化过程和每个阶段的比例。漏斗图可以清晰地显示转化率的变化，并且吸引读者的注意力，使表达更加生动。

（2）添加标题和说明：在表格上方添加一个标题，用以标识转化漏斗的主题或目的。并在表格下方添加一段简短的说明，解释转化漏斗的含义和数据的解读方式。这样读者可以更好地理解表格的内容和用途。

（3）使用颜色和图例：为每个转化阶段使用不同的颜色，用颜色的深浅程度表示转化率的高低。并在表格旁边添加一个图例，解释每种颜色对应的转化阶段。这样读者可以更容易理解并对比各个商品类别的转化情况。

（4）引用关键数据和百分比：在表格中标注每个转化阶段的具体数值，并将百分比符号添加到每个数值后面，以强调数据是以百分比形式表示的。这样读者可以更清楚地看到转化率的大小和比例。

（5）按转化率排序：按照转化率从高到低或从低到高的顺序排列商品类别，以突出转化率的差异和对比。这样读者可以更容易地对比不同商品类别之间的转化情况，并找出转化率较高或较低的商品类别。

将上述内容做成漏斗图并完善，可以得到如图 4.8 所示的可视化图像。

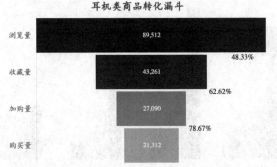

图 4.8　耳机类商品在 618 当天的转化漏斗图

针对表 4.9 进行相同的提问，可以得到如下回答。

要使这张表格更加生动和具有可读性，您可以考虑以下操作。

（1）使用颜色和格式：为不同指标和数值使用不同的颜色，例如使用浅蓝色表示流量指标（如浏览 UV、收藏 UV、加购 UV、购买 UV），使用浅绿色表示订单总额，使用粗体或加粗字体突出 ARPU 值。这样可以使读者更容易区分不同的指标和数值。

（2）添加单位：在每个指标数据后面添加相应的单位，例如在流量指标后面添加"人数"的单位，在订单总额后面添加"元"的单位，以及在 ARPU 值后面添加"元"的单位。这样可以避免读者对数据的理解产生歧义。

（3）使用图表：除了表格，您还可以考虑使用柱状图或折线图来可视化流量指标和订单总额。图表能够更直观地呈现数据的变化趋势和差异。使用不同的颜色或符号来表示不同的商品类别，以便读者理解和对比数据。

（4）添加图例和标题：如果您使用了图表，记得添加图例以解释不同的颜色或符号所代表的商品类别。同时，在表格上方添加一个简短但明确的标题，来说明表格的主题或目的。这样读者可以在一开始就知道表格所展示的内容。

在参考完上述 ChatGPT 的回答之后，我们可以将表格中的信息进行转化，结果如图 4.9 所示。

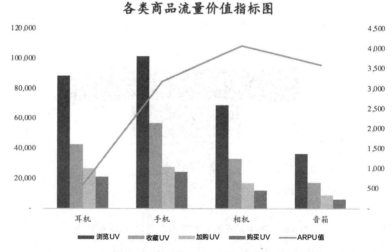

图 4.9　各类商品在 618 当天的流量价值

改好后的文档格式如图 4.10 所示。在 Excel 中呈现文档一般会把网格线去掉，字体根据个人习惯进行设置，把标题、副标题、正文及图表的字体大小区分开，保持前后一致即可。

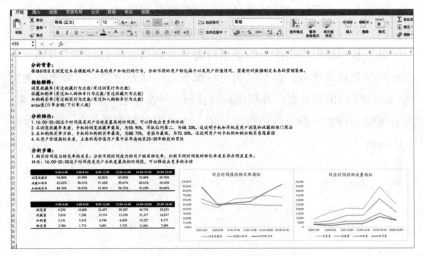

图 4.10　最终的完整分析报告

在得到最终的分析报告之后，根据 ChatGPT 回答的分析报告结果，可以去一一验证其是否还有遗漏项。此外，如果觉得调整布局和顺序更利于自己和他人理解，那么可以去尝试。需要注意的是，要时刻保持自己的思考，不要惯性地认为 ChatGPT 给出的答案就是完全正确且完美的。

4.4　小结

本章我们通过一个实际的例子，在 ChatGPT 的帮助下逐步完成了一份较为完整的分析报告，并且了解了具体的操作步骤。

第一步，根据提供的数据让 ChatGPT 给出可行的分析思路，结合自己的需求，最终确定出来一个清晰的分析思路和该思路下定义的数据指标。

第二步，查看自己的数据情况，得到数量、缺失值、数据类型、数值范围等信息后，把这些信息返给 ChatGPT，让它结合第一步得出的分析思路给出数据预处理的方法。

第三步，按照之前得到的数据指标，将预处理过的"干净"的数据使用数据透视表进行指标构建。

第四步，让ChatGPT结合自己的分析思路和指标，给出一个适用于本案例分析的分析结构，按照该结构进行分析报告的搭建。

第五步，根据得出的分析表格或者结论数据，向ChatGPT询问以什么形式呈现效果更好，逐步完善分析报告。在这一过程中需要不断地审视ChatGPT给出的答案，并利用提问技巧，一步步达到自己想要的效果。大家可以自行去下载公开数据集，用上述步骤进行实践操作，从而学会数据分析。

第 5 章
掌握常用快捷键让效率翻倍

快捷键是键盘上的一组按键组合，用于在 Excel 中执行特定的操作，以提高操作效率。通过按下键盘上的不同组合键，可以快速完成各种任务，而无须使用鼠标进行操作。

本章的内容如下：针对常用的快捷键进行简单的介绍，利用 ChatGPT 快速地理解快捷键的使用，并加深记忆；在 ChatGPT 的帮助下，构建一套属于自己的自定义快捷键创建方案；在实际案例中使用快捷键；并对上述学习内容做一个总结。

5.1 常用的快捷键介绍与记忆技巧

对于 Excel 中已经存在的快捷键，可以在"工具"菜单中选择"自定义键盘"命令进行查看，具体操作如图 5.1 所示。

在打开的"自定义键盘"对话框中，可以对快捷键进行修改，如图 5.2 所示。在图 5.2 中，对于数据降序排序并没有现成的快捷键可以使用（"当前快捷键"文本框为空），可以在"按新的快捷键"文本框中进行设置，如果设置的快捷键已经被使用的话，会有如图 5.3 所示的提示信息。

图 5.1 选择"自定义键盘"命令

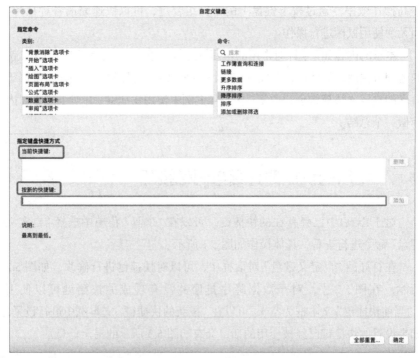

图 5.2 "自定义键盘"对话框

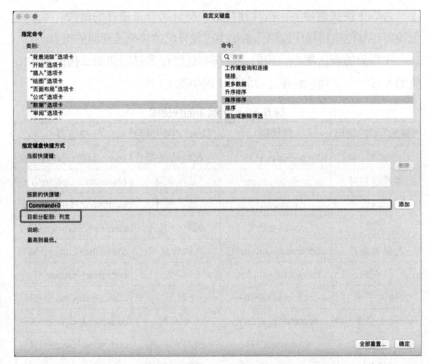

图 5.3 自定义键盘中查看是否发生快捷键冲突

有时候 Excel 中使用的快捷键可能会和系统自身或者其他软件的快捷键相冲突，这时可以尝试使用以下方法解决。

（1）更改或禁用冲突的快捷键。打开应用程序的偏好设置或选项，查看是否有更改或禁用快捷键的选项。通过更改应用程序中有冲突的快捷键，可以避免冲突并保留所需的快捷方式。

（2）使用不同的修饰键。如果发生快捷键冲突，可以尝试使用不同的修饰键（如 Shift、Control、Option/Alt、Command）与相同的基础键组合。例如，Excel 中发生了快捷键冲突，在某些情况下，可以尝试使用 Control + C 而不是 Command + C。

（3）调整系统设置。在某些情况下，可能需要调整操作系统的快捷键设置。例如，在 macOS 中，可以通过"系统偏好设置"→"键盘"→"快捷键"来查看和更改应用程序和系统级别的快捷键。

为防止快捷键冲突，选择独特的快捷键组合是最好的做法。尽量避免使用与其他应用程序或操作系统中已经分配的快捷键相同的组合。

在目前的默认项中，我们先把所有已经设置过的快捷键按照图中的类别进行一个整理，整理过后部分示例如表 5.1 所示。

表 5.1　Excel 中的快捷键

"开始"中的项目	快捷键	"插入"中的项目	快捷键
粘贴	command+V	数据透视表	command+Option+P+/
选择性粘贴	control+command+V	插入表格	command+Option+T+/
剪切	command+X	插入图片	command+Option+I+/
复制	command+C	获取加载项	command+Option+G+/
复制为图片	command+Option+C	我的加载项	command+Option+M+/
格式刷	command+Shift+C	折线	command+Option+L+/
增大字号	command+Shift+.	柱形	command+Option+B+/
减小字号	command+Shift+,	文本框	command+Option+X+/
加粗	command+B	横排文本框	command+Option+H+/
倾斜	command+I	竖排文本框	command+Option+V+/
下划线	command+U	公式	command+Option+F+/
双下划线	command+Shift+D	符号	command+Option+S+/
下框线	command+Shift+B		
上框线	command+Shift+T		
左框线	command+Shift+L		
右框线	command+Shift+R		
无框线	command+Shift+N		
所有框线	command+Shift+A		
外部框线	command+Shift+O		

由于大家安装的软件版本和系统不同，上述默认设置也会有所不同，故上面的表格中并没有列出所有相关项目对应的快捷键。大家可以根据

上述表格项目进行填写，并按照自己的使用习惯（比如常用Excel做的一些项目）把不同分类中的快捷键按照优先级顺序进行排序，重要的写在前面进行总结。

接下来针对这些已经设置过的默认快捷键进行记忆，可以采取两种方法，一种是正向记忆，另一种是逆向记忆。对于快捷键的记忆，我们同样可以借助ChatGPT。下面以正向记忆为例。

👍 提问思路

对于上面整理出来的各类操作项目对应的默认快捷键，我们可以将其复制给ChatGPT，让它输出一些记忆的方法或者技巧。

> ▦ 问：　　请为下面表格内涉及的快捷键整理一些记忆方法。（附上表格）

⑤ ChatGPT回答：

（1）创造关联：将快捷键与相关的动作或词语进行关联。例如，将Ctrl+C（复制）与"C"（Copy）进行联想，将Ctrl+V（粘贴）与"V"（Paste）进行联想。

（2）分组记忆：将相似功能的快捷键分组，并记住它们之间的模式。例如，Ctrl+B（加粗）和Ctrl+U（下划线）都是用于文本格式设置，所以可以将它们一起记忆。

对于逆向记忆，就是直接在实际工作中去使用。依靠ChatGPT可以非常容易地创造出自己所需要的任何场景去进行实践操作。具体的做法如下。

（1）提问思路：先让ChatGPT帮忙生成一份数据集，再基于该数据集和自己想要学习使用的快捷键，让它生成一份能够使用到这些快捷键操作的场景，并且生成对应的操作步骤。

（2）提示词（具体实践一个例子）："请给我一个可以在Excel中用来做分析的数据集，不用太复杂，最好包含不同的数据类型，以表格形式输出给我。"

（3）ChatGPT的回答如表5.2所示。

表 5.2　ChatGPT 随机生成的数据表

序号	姓名	年龄	性别	邮箱	电话	成绩
1	张三	25	男	zhangsan@email.com	1234567890	85
2	李四	28	男	lisi@email.com	9876543210	90
3	王五	23	女	wangwu@email.com	2468135790	78
4	小明	21	男	xm@example.com	1357924680	95
5	小红	22	女	xh@example.com	1587926430	83

　　接下来再进行提问："你是一个精通 Excel 的工程师，请根据以上数据，以及以下 Excel 快捷键：【快捷键】，帮我想出一个数据处理的场景，可以在数据集中使用到这些快捷键进行操作，并输出具体的操作步骤。"

　　例如，在上述提示语中可以添加自己使用的快捷键，快捷键为：粘贴"Command+V"；选择性粘贴"Control+Command+V"；剪切"Command+X"；格式刷"Command+Shift+5"；加粗"Command+B"；柱形图"Command+2"；平均值"Command+5"。

　　ChatGPT 将会给出如下回答：

　　为您设计了一个完整的数据处理场景，可以使用 Excel 快捷键进行操作。以下是步骤。

　　（1）打开 Excel 并创建一个新的工作表。

　　（2）复制并粘贴数据集到新的工作表中。使用快捷键"Command+V"进行粘贴。

　　（3）选中"成绩"列的所有单元格，使用快捷键"Command+2"将其设置为柱形图。

　　（4）选中"年龄"列的所有单元格，使用快捷键"Command+5"计算平均值。

　　（5）选中"成绩"列的所有单元格，使用快捷键"Command+5"计算平均值。

　　（6）将"成绩"列的所有单元格的字体设置为加粗，使用快捷键"Command+B"。

　　（7）选择并拖动"邮箱"和"电话"列，然后使用快捷键"Command+X"

进行剪切。

（8）选中"姓名"列，使用快捷键"Command+Shift+C"后，再选中"邮箱"列，将"邮箱"列的格式与"姓名"列保持一致。

完成上述步骤后，您将得到一个包含平均成绩和年龄的柱形图，并且"邮箱"和"电话"列已被剪切并粘贴到新的位置。

5.2 自定义快捷键

前面讲到的内容都是围绕着软件默认的快捷键，为了让快捷键更符合自己的使用习惯，也为了后续更好地应用快捷键，自定义一套常用快捷键是非常有必要的。以下几点是自定义快捷键的建议。

（1）对于一些通识性的快捷键没有必要进行更改，比如复制、粘贴、剪切。

（2）对于同一类功能，可以尽量把快捷键设置成类似的组合，比如"Command+字母键"，或者"Control+Command+字母键"等。具体的可以自己进行匹配。

（3）根据上面的记忆技巧，我们得知创造关联性可以更好地辅助记忆，所以可以根据一定的规则进行快捷键的制定。比如根据拼音或者英文首字母，公式中的求和英文是sum或者add，为避免快捷键冲突，可以定义求和的快捷键为Shift+Command+A。

"同一类"功能可以这样理解，比如对于边框的操作，有下框线、上框线、左框线、右框线、无框线、所有框线、外侧框线、粗闸框线、双底框线、粗底框线、上下框线、上框线和粗下框线、上框线和双下框线。它们的快捷键可以按照Command+Shift+英文描述的字母的格式进行设置。可以向ChatGPT提问："我现在有下面几种功能想要用快捷键实现：【对于框线的所有操作名称】。每个指令都需要保持唯一性，按照以下定义规则【定义规则描述】，请帮我为对应功能生成快捷键指令。"

根据ChatGPT的回答，我们可以得到表5.3。

表 5.3　ChatGPT 对于框线生成的自定义快捷键

操作	快捷键指令
下框线	Command+Shift+B
上框线	Command+Shift+T
左框线	Command+Shift+L
右框线	Command+Shift+R
无框线	Command+Shift+N
所有框线	Command+Shift+A
外侧框线	Command+Shift+E
粗闸框线	Command+Shift+W
双底框线	Command+Shift+D
粗底框线	Command+Shift+U
上下框线	Command+Shift+H
上框线和粗下框线	Command+Shift+Q
上框线和双下框线	Command+Shift+X

　　但是上面的设置在真正更改的时候会有一些问题，比如在"自定义键盘"中找不到自定义快捷键的更改项。如图 5.4 所示，在搜索"上框线"命令的时候并没有找到，这时只能舍弃该快捷键。

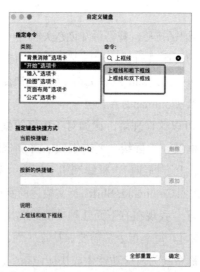

图 5.4　搜索需要修改快捷键的类别操作

除此之外，还会有快捷键冲突的问题，比如ChatGPT帮我们定义的"上框线和粗下框线"快捷键指令是"Command+Shift+Q"，但是这个指令已经在系统指令中被定义为关闭所有应用。这个时候最方便的方法就是在上述所有命令中加入另一个拓展键，如"Command+Control+Shift+Q"。按照上述做法，可以将自己常用的操作按照自己熟悉的方式全部自定义一遍。

5.3　快捷键使用案例

本节将介绍几个常见的在Excel中做项目的案例，并把这些案例结合上述自定义的快捷键，让ChatGPT输出操作步骤，我们按照它的回答在Excel中实践一遍，完成项目。

Excel中主要的操作包括：录入数据，计算总和、平均值，筛选与排序，创建图表等，常见的案例有下面几种。

（1）学生成绩管理：录入学生的考试成绩，计算平均分、总分，并进行排名。

（2）数据图表制作：创建各种类型的图表，如折线图、柱形图。

（3）数据筛选与排序：根据特定条件筛选数据，并按照指定顺序对数据进行排序。

让ChatGPT生成对应案例的数据，这个操作前面已经实践过很多次了，这里不再赘述。提问方法为："你是一个精通Excel的工程师，我自定义的快捷键如下：【自定义的快捷键表】，我想要实现下面的功能：【复制案例描述】，我的数据如下：【复制对应案例的数据】。请帮我尽量使用快捷键去实现功能，并列出操作步骤。"

对于第一个案例，它的回答如下。

使用快捷键可以非常方便地实现录入学生的考试成绩，计算平均分、总分并进行排名。以下是使用快捷键的操作步骤。

（1）录入学生的考试成绩：输入学生的姓名和各科成绩。

（2）计算平均分：在计算平均分的单元格中，使用快捷键"Command + 5"来插入平均值函数。选择要计算平均分的数值区域，按下"Enter"键完成计算。

（3）计算总分：在计算总分的单元格中，使用快捷键"Command + Shift + 5"来插入求和函数。选择要计算总分的数值区域，按下"Enter"键完成计算。

（4）进行排名：在排名的单元格中，使用快捷键"Command + Shift + R"或者"Command + R"来插入排名函数。选择要进行排名的数值区域，按下"Enter"键完成排名。

对于第二个案例，它的回答如下。

使用快捷键在 Excel 中创建折线图和柱形图，以下是详细的操作步骤。

（1）将数据复制到 Excel 单元格中，使得时间、数值 1 和数值 2 分别位于 A1、B1 和 C1 单元格。

（2）选择数据范围及表头，使用快捷键"Command + T"将其转换为表格。

（3）创建折线图：选中数值 1 和数值 2 所在列，按下快捷键"F11"创建一个默认的折线图。如果你想创建自定义样式的折线图，可以选择数据范围，使用快捷键"Alt + F1"创建一个簇状柱形图，然后根据需要调整图表样式。创建柱形图：选中时间、数值 1 和数值 2 所在列，按下快捷键"F11"创建一个默认的柱形图。如果你想创建自定义样式的柱形图，可以选择数据范围，使用快捷键"Alt + F1"创建一个簇状柱形图，然后根据需要调整图表样式。

对于第三个案例，它的回答如下。

使用快捷键在 Excel 中进行数据筛选与排序操作，以下是详细的操作步骤。

（1）将数据复制到 Excel 单元格中，使得学生姓名、数学成绩、英语成绩和物理成绩分别位于 A、B、C 和 D 列。

（2）选择数据范围及表头，使用快捷键"Command + T"将其转换为表格。

（3）筛选数据：直接选中表头所在的那一行，使用快捷键"Command + Shift + L"进入筛选模式。在筛选模式下，你可以单击各个列标题的下拉按钮，选取你想要的筛选条件。

例如，如果你只想显示英语成绩大于 90 分的学生，你可以选择英语成绩这一列的下拉按钮，然后在筛选菜单中选择"Number Filters"，接着选择"Greater Than"，最后输入 90。

（4）排序数据：选中要排序的数据范围。使用快捷键"Command + Shift + R"打开排序对话框。在排序对话框中，选择你要排序的列（例如数学成绩、英语成绩或物理成绩）。

选择排序顺序（升序或降序）。单击"OK"按钮完成排序。

所有可以在 Excel 中完成的案例都可以按照上述方法进行操作，大家可以根据自己的需求随意指定操作。

5.4 小结

本章主要介绍了如何使用 ChatGPT 帮助我们更好地使用 Excel 的快捷键。对于默认的快捷键设置，它提供了一些记忆的技巧及应用默认快捷键的操作。另外，对于如何自定义不同功能的快捷键，ChatGPT 也给出了按照我们的需求自动生成的快捷指令，帮助我们形成一套符合自己的使用习惯且更好记忆的快捷键操作体系。最后利用 ChatGPT 强大的生成能力，我们可以用定义好的快捷键高效地完成常用的项目。通过本章的学习，相信大家能够很好地利用快捷键辅助日常的工作与学习。

第6章

利用 ChatGPT 学习如何保护数据

在现代信息时代，数据保护是至关重要的，数据泄露、丢失或被不当使用都可能对个人隐私和业务运营造成严重影响。保护Excel中的数据可以防止敏感信息的泄露，避免商业机密数据被恶意使用。Excel作为一种功能强大的电子表格应用程序，提供了多种手段来确保数据的安全性。

本章按照一定的提问顺序和技巧，让ChatGPT按照场景去拆解操作，再根据操作的分类补充操作，最后为每个操作都给出常见的使用场景，在场景中去实践。

6.1 ChatGPT指导学习数据保护

我们了解了什么是数据保护，但对于如何进行数据保护可能还是不知道从何入手。下面就让ChatGPT指导我们进行有效的系统学习。

📤 提问思路

因为系统学习是需要知道学习边界的，所以在这里我们需要知道完成一份文档之后能够将数据保护的概念应用在哪些场景，从而在这些场景中去实践学习。

问： 你是一个资深的Excel工程师，当我完成一份Excel文档的制作后，后续哪些场景需要用到数据保护？请详细描述一下这些使用场景。

ChatGPT回答：

作为一个资深的Excel工程师，我可以为您详细描述在完成Excel文档的制作后，可能需要用到数据保护的各种场景。以下是一些常见的使用场景。

（1）分享文档。

当您需要与他人共享Excel文档时，要确保文档的安全性和保密性。您可以考虑进行以下操作。

设置密码保护：通过设置密码，只有知道密码的人才能打开和访问文档。

设置写保护：禁止其他用户对文档进行编辑和修改，只允许只读访问。

设置只读权限：授予其他用户只读权限，防止他们对文档进行修改。

指定编辑区域：指定特定的区域，仅允许特定用户对该区域进行编辑和修改。

（2）保护机密数据。

当您的Excel文档包含敏感或机密数据时，需要特别注意数据保护。以下是一些相关操作。

设置密码保护：确保只有授权人员才能打开和查看文档中的机密数据。

隐藏列和行：将包含敏感数据的列和行隐藏起来，以防止他人访问。

使用数据验证：限制特定字段或单元格的数据输入范围，防止非法数据的输入。

（3）防止误操作。

在使用Excel文档的过程中，防止误操作是非常重要的。以下是一些相关措施。

锁定单元格或工作表：将特定单元格或整个工作表锁定，防止误改或误删除数据。

禁止插入或删除行列：阻止其他用户对文档的结构做出更改，保持数据的完整性和一致性。

使用保护窗口：设置保护窗口，防止用户误关闭文档或退出编辑模式。

（4）控制数据公开。

当需要向其他人公开展示 Excel 文档中的数据时，您可能需要进行以下操作来控制数据的公开范围和可编辑性。

摘要视图：创建摘要视图，只显示部分数据，保护敏感信息的机密性。

审阅保护：限制其他用户对文档的审阅权限，防止机密数据泄露。

使用权限控制：通过权限控制功能，定义不同用户对文档的访问权限和操作权限。

（5）保护公式和工作表结构。

当 Excel 文档中包含复杂的公式和特殊的工作表结构时，需要采取以下操作来保护它们。

隐藏公式：将公式区域设置为隐藏状态，以保护公式的机密性。

保护工作表：锁定整个工作表，防止其他用户对工作表的结构进行修改。

关闭编辑对象：禁止对图表、图形、图片等对象进行编辑和修改。

这些使用场景提供了一些常见情况下需要使用数据保护的示例。根据您具体的 Excel 文档要求和数据的安全性要求，您可以选择适当的数据保护措施来确保文档的安全性和完整性。

在它的回答中我们能清晰地了解到相应的操作，但是，因为有些场景中的操作是重复的，如果我们想了解 Excel 所提供的数据保护功能都可以做哪些操作，并把这些操作应用到实际的场景中。所以我们可以接着向 ChatGPT 进行提问："请将上述各个场景中涉及的数据保护操作按照操作分类进行介绍，并根据 Excel 所能提供的最大能力去扩充这些分类中的操作。"

最后我们得到了一份功能全面的数据保护操作介绍。

根据上述场景，我将按照操作分类为您介绍所涉及的数据保护操作，并根据 Excel 的能力进行扩充。

（1）密码保护：（略）。

（2）配置用户权限：（略）。

（3）指定编辑区域：（略）。

（4）隐藏列和行：（略）。

（5）利用数据透视表摘要视图保护敏感数据：（略）。

（6）隐藏公式（略）。

（7）关闭编辑对象：（略）。

（8）自动备份和恢复：（略）。

（9）数据连接和外部数据保护：（略）。

下面我们将分别去介绍这个回答中的功能操作，并在 Excel 中进行实践，但里面涉及 VBA 和数据连接的相关保护，这里先不做讲解，后面的章节再进行介绍。

6.2 文档的各类密码保护

根据 ChatGPT 对于密码保护和配置权限的回答，我们依次来学习如何在 Excel 中进行操作。在提问时需要注意一些事项，一个是 Excel 提供的数据保护功能根据具体的 Excel 版本会有所不同，所以操作也略有不同，提问的时候需要加上自己使用的 Excel 版本。比如笔者使用的是 macOS 操作系统的 Excel 2016，就需要在提问时说明："如何在 macOS 系统的 Excel 2016 中设置文档打开密码？"另一个需要注意的是，如果 ChatGPT 给出的 Excel 操作步骤并不能解决问题，或者它给出的某个按钮中我们无法找到对应的位置，这时候要纠正它的错误，让它重新给出结果。但是最有效率的方法是直接让它给出解决上述问题的权威网站地址，这个方法也非常管用。

下面介绍的数据保护操作都基于 macOS 系统的 Excel 2016，如果大家发现在自己的 Excel 上操作不了的话，请根据上面提到的方法自行向 ChatGPT 进行提问。

首先是设置文档的打开和编辑密码，操作步骤如下，操作截图如图 6.1 和图 6.2 所示。

（1）打开想要设置密码的 Excel 文档。

（2）在 Excel 菜单栏中选择"文件"。

（3）从下拉菜单中选择"密码"。

（4）在弹出的"文件密码"对话框中，根据需要设置"打开权限密码"或者"修改权限密码"。

（5）输入希望设置的密码之后，单击"确定"按钮。

（6）在确认文件密码的对话框中，再次输入相同的密码，并单击"确定"按钮。

图 6.1　选择"密码"命令

图 6.2　Excel 中设置文档打开或修改密码

当设置了打开权限的密码并保存文档后，再双击打开文档时就需要输入密码才行。同理，设置了编辑权限的密码、保存文档后，打开文档如果不输入密码就只能以只读的方式打开，无法修改表内的任何内容。

接下来是设置工作表密码，操作步骤如下，操作截图如图 6.3 所示。

（1）打开要设置密码的 Excel 文档。

（2）在菜单栏中，选择"工具"命令。

（3）在"工具"菜单下，选择"保护"命令，根据需要选择"保护工作簿"或"保护工作表"。

（4）在弹出的对话框中，输入想要设置的密码，并再次确认密码。

（5）单击"确定"按钮保存密码。

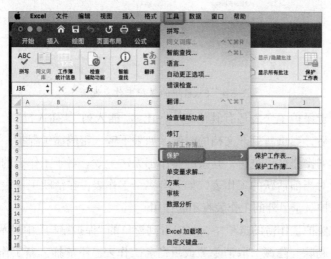

图 6.3　Excel 中设置文档密码

如图 6.4 所示，在保护工作表的选项中，当选中了"选择锁定的单元格"复选框后，"选择未锁定的单元格"复选框也会被自动选中。这是因为在默认情况下，Excel 保护工作表之后，所有单元格都是锁定的，即呈不可编辑状态。而"选择"只是意味着可被鼠标选中，可以理解为选择和编辑这两个功能级别不同，编辑的权限级别肯定是高于选择的，所以编辑的权限包含了选择。所以既然已经选中了"选择锁定的单元格"复选框，意味着已经给了不可编辑的单元格选择的权限，那么拥有更高权限的可编辑的单元格（即未被锁定的单元格）肯定也会拥有选择的权限，也就会自动被选中。相反，如果只选中"选择未锁定的单元格"复选框，那么"选择锁定的单元格"不会默认被选中。大家可以实际去操作一下，感受这两种操作的区别。

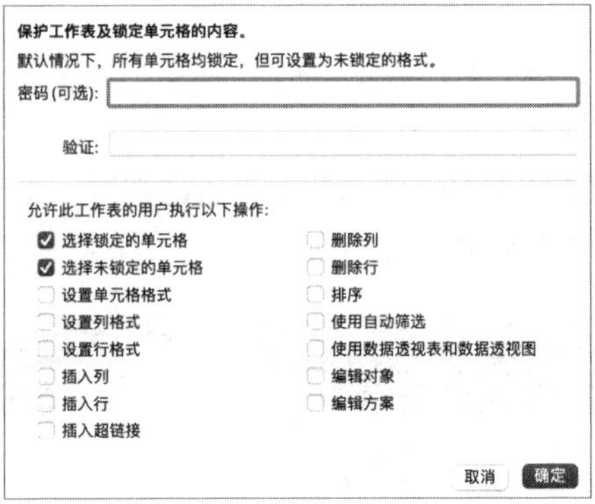

图 6.4　Excel 中的保护工作表选项

　　关于保护工作表还有其他选项，比如"插入列""插入行"。选中这两项之后，当重新打开文档的时候，如果不输入密码撤销保护，除了插入行、列操作可以进行，其余的操作都无法生效。对于工作表的密码设置只针对当前活跃的工作表，如果有多个工作表，在活跃工作表设置的密码保护对于另外的工作表将不起作用。

　　在保护工作簿的选项中，可以看到窗口的"保护结构"中显示"不能移动、删除、隐藏、取消隐藏或重命名工作表。不能插入新工作表"如图 6.5 所示。除此以外的操作都可以进行。

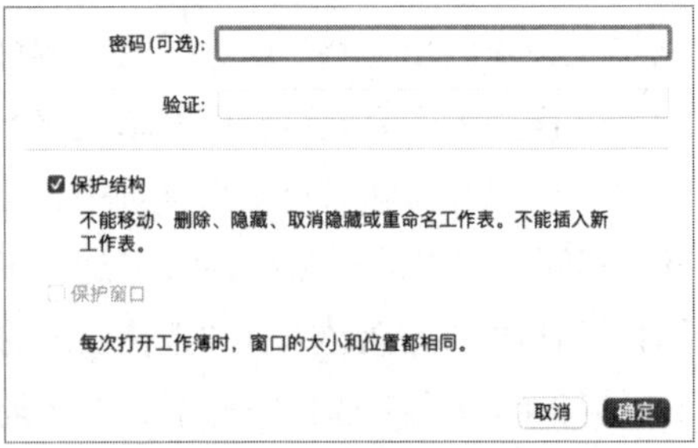

图 6.5　Excel 中的保护工作簿选项

6.3 为文档配置用户权限

在针对文档配置用户权限时，我们也可以借助 ChatGPT 进行了解。如果直接询问 ChatGPT："你是一个资深的 Excel 工程师，怎么在 macOS 的 Excel 2016 文档中配置不同的用户权限，请给出详细的操作步骤。"那么，它的回答如下。

在 macOS 的 Excel 2016 中，您可以按照以下步骤配置不同的用户权限。

（1）打开您要配置权限的 Excel 文档。

（2）在 Excel 菜单栏中，选择"审阅"选项卡。

（3）在"审阅"选项卡中，找到并单击"保护工作簿"按钮。

（4）在弹出的保护工作簿对话框中，选择"限定为特定的用户"选项。

（5）单击"添加"按钮以添加用户。

（6）在弹出的"选择用户或组"对话框中，您可以输入用户的名称或组的名称来查找并选择用户。

（7）选择完用户后，单击"确定"按钮。

（8）在"允许访问工作簿的用户或组"列表中，对于每个添加的用户或组，您可以选择给予"完全控制""修改""只读"等不同的权限。

（9）为每个用户或组选择适当的权限后，单击"确定"按钮。

（10）在"保护工作簿"对话框中，您可以选择是否需要预先输入密码才能更改权限。

（11）单击"确定"按钮，Excel 将应用您配置的权限设置。

但是在实际操作中，并没有找到"限定为特定的用户"选项。那么就要对 ChatGPT 进行纠正，让它重新给出结果。

🖐 提问思路

对于回答不正确或者我们不满意的情况，可以采用之前学过的奖惩指令，通过给予正面反馈或负面反馈来引导模型的学习。后续它给出了一个迂回的方法是使用 Mac 的文件系统权限来设置文件的访问权限。但是这并不是我们需要的针对 Excel 软件的操作方法，所以接着进行纠正。

> 📠 问： 不通过这种方法的话，要怎么在 macOS 的 Excel 2016 文档中配置不同的用户权限？

⑤ ChatGPT 回答：

您可以按照以下步骤尝试在 macOS 的 Excel 2016 中配置不同的用户权限。

（1）打开 Excel 文档并在菜单栏中选择"文件"命令。

（2）再选择"分享"或"共享"命令。

（3）在弹出的列表中，您可以选择"添加联系人"、"发送链接"或"更改高级权限"等选项。

（4）如果选择"添加联系人"，您可以输入受邀请者的电子邮件地址。Excel 将会通过邮件发送共享链接给受邀请者，并可以设置他们的访问权限。

（5）如果选择"发送链接"，您可以生成一个链接并将其发送给受邀请者。通过此链接，他们可以访问 Excel 文档，并且您可以在这里设置他们的访问权限。

（6）如果选择"更改高级权限"，Excel 将打开 macOS 的"获取信息"窗口，您可以在这里添加或删除用户，并为他们指定适当的权限。

6.4 创建摘要视图保护机密数据

由于 Excel 的版本不同，大家需要针对自己的版本向 ChatGPT 进行提问，下面给出推荐问法："你是一个资深的 Excel 工程师，请思考怎么样在 macOS 的 Excel 2016 中实现下述功能：使用自动筛选或数据透视表等功能创建摘要视图，只显示数据的部分内容，并保护敏感信息的机密性。"大家有更好的提问方式也可以去尝试。

ChatGPT给出的回答如下。

在macOS的Excel 2016 中，您可以使用以下方法来创建摘要视图并保护敏感信息的机密性。

1. 使用自动筛选

（1）打开Excel文档并选择包含数据的工作表。

（2）确保您的数据有合适的标题行。

（3）在标题行上方的某一列中，选择一个单元格。

（4）在菜单栏上的"数据"选项卡中，单击"筛选"。

（5）再单击标题行中的筛选按钮以选择要筛选或过滤的数据。

（6）在弹出的列表中选择您想要的过滤条件，Excel将只显示符合条件的数据。

2. 使用数据透视表

（1）打开Excel文档并选择包含数据的工作表。

（2）在顶部菜单栏中的"数据"选项卡中，单击"数据透视表"。

（3）Excel将根据您的数据创建一个新的工作表，并在新的工作表中显示"数据透视表字段列表"。

（4）在"数据透视表字段列表"中，选择要在摘要视图中显示的字段。

（5）Excel将根据您的选择和设置，在数据透视表中创建摘要视图。

3. 保护敏感信息的机密性

（1）在macOS的Excel 2016 中，您可以使用密码来保护整个工作簿。

（2）在顶部菜单栏的"文件"选项卡中，选择"保护"中的"保护工作表"。

（3）在弹出的对话框中，输入您想要设置的密码，并单击"确定"按钮。

（4）输入并确认密码后，该工作表就会被锁定，需要输入密码才可以进行操作。

接下来，我们还是让ChatGPT自动生成一份随机的数据，直接实践操作一遍，以加深理解。图 6.6 是一份生成的数据并且做了筛选，我们只选择留下A类产品的信息。

图 6.6 筛选 A 类产品

我们把筛选后的数据做成数据透视表，并将其所在的工作表命名为"开放数据"开放给其他用户，将原始数据所在的数据表进行加密，如图 6.7 所示。

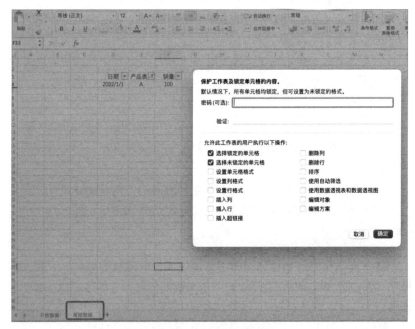

图 6.7 原始数据加密

　　如果不想让原始数据的工作表显示出来，可以直接隐藏工作表，具体操作如图 6.8 所示。在状态栏中工作表表名附近的位置右击，在弹出的快捷菜单中选择"隐藏"命令，即可隐藏相应的工作表。再次右击在弹出的快捷菜单中选择"取消隐藏"即可显示工作表。

图 6.8　隐藏工作表

6.5　自动备份和恢复

　　关于自动备份，可以在菜单栏中选择"Excel"命令，然后在子菜单中选择"偏好设置"。在弹出的对话框中，选中"启用自动恢复"复选框，如图 6.9 所示。其实 Excel 自动恢复功能是默认启用的，当 Excel 意外关闭或崩溃时，自动恢复功能会自动保存用户的工作簿，以便在重新打开 Excel 时恢复之前的工作。在自动恢复期间，可以选择恢复之前的工作簿或者忽略恢复并打开一个新的工作簿。

图 6.9　保存选项

默认情况下，自动恢复功能会每隔 10 分钟保存一次工作簿的快照。

此快照文件将保存在用户的 Excel 安装路径文件夹中，可以通过这个路径找到保存的快照文件。

自动恢复功能也可以记录工作簿的修改历史，这样对于什么时候哪个用户对此文档进行了哪些修改等信息便可以一目了然，方便我们追根溯源和修正。下面是实现这一功能的步骤。

（1）在 Excel 中打开工作簿。

（2）在菜单栏中选择"工具"菜单。

（3）在弹出的子菜单中，找到并选择"修订"命令。

（4）在"修订"的子菜单中，选择"突出显示修订"命令。

（5）Excel 将弹出一个对话框，提示需要开启记录更改功能。根据需要进行选择后，单击"保存"按钮，即可保存工作簿并启用记录更改功能。

现在，所有对该工作簿的修改都将被记录下来。相关的操作如图 6.10和图 6.11 所示。

图 6.10　选择"突出显示修订"命令　　图 6.11　"突出显示修订"对话框

在"突出显示修订"对话框中，有三个选项与修订有关，分别是修订时间、修订人和修订位置。这些选项的含义如下。

（1）修订时间：该选项用于显示修订项进行更改的时间戳。每个修订项都有一个时间戳，指示何时进行了更改。

（2）修订人：该选项用于显示进行修订的用户信息。每个修订项都有一个修订人，指示是哪个用户进行了更改。

（3）修订位置：该选项用于显示修订项在电子表格中的位置。它可以给出修订所影响的单元格或区域的具体位置信息。

通过选择这些选项，可以决定在突出显示修订项时是否显示修订的时间、修订人和修订的位置。这些信息可以帮助用户追踪和理解在电子表格中进行的修订操作的详细信息。

比如，在 A 列位置选择标记固定时间之后所有的操作修改项，并让它显示在相应的屏幕位置，把之前 A3 位置的 123 改成 234，打开表格就会有如图 6.12 所示的内容。

图 6.12　启用"突出显示修订"后修改项的内容

6.6　其他数据保护的操作

前面介绍了常用的数据保护操作，但还有一些其他的数据保护操作，本节将对其进行介绍。

首先是利用数据验证确保数据的合法性和准确性。在"数据"选项卡中选择"数据验证"，打开后的界面如图 6.13 所示。

下面来介绍这些选项。

（1）任何值：这是数据验证的默认选项。它允许任何类型的值被输入目标单元格中。

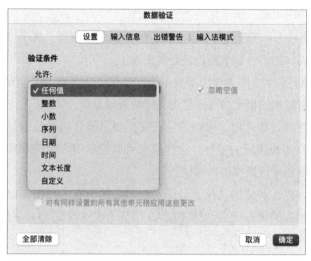

图 6.13   Excel 数据验证选项

（2）整数：此选项限制输入为整数值。可以指定整数的最小值和最大值，以约束输入范围。

（3）小数：此选项限制输入为小数值。可以指定小数的最小值和最大值，以约束输入范围。

（4）序列：此选项使用预定义的值列表，限制输入必须与列表中的任何一项匹配。可以将值列表输入"来源"框中，或者引用一个单元格区域作为值列表。

（5）日期：此选项限制输入为日期格式。可以指定日期的最小值和最大值，以约束输入范围。

（6）时间：此选项限制输入为时间格式。可以指定时间的最小值和最大值，以约束输入范围。

（7）文本长度：此选项限制输入为特定长度的文本。可以指定文本的长度限制，包括等于、大于或小于特定值。

（8）自定义：此选项允许输入自定义的公式来验证输入。可以使用 Excel 的公式语法编写一个逻辑表达式，以确定输入是否有效。公式返回 TRUE 表示验证通过，返回 FALSE 表示验证失败。

　　接下来是隐藏行列和隐藏公式。在隐藏行列的时候，可以用到前面介绍的快捷键知识，直接进行快捷键操作。对于隐藏公式，可以利用加密的方式。选中需要保护的单元格后，右击在弹出的快捷菜单中选择"设置单元格格式"命令，如图 6.14 所示。在弹窗中选择"保护"选项卡，选中"锁定"和"隐藏"复选框并确定保存，如图 6.15 所示。在设置工作表保护的时候选中"选择锁定单元格"，保存后再次打开，在相应的位置上，就看不到该单元格引用的公式了，如果在设置单元格格式的时候不选中"隐藏"复选框，即使加密后仍然看得到公式。

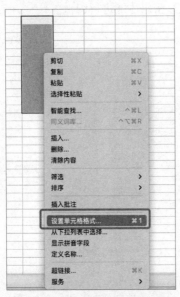

图 6.14　Excel 锁定单元格操作

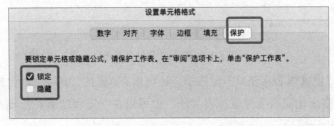

图 6.15　Excel 设置单元格格式弹窗

最后我们来看一下锁定对象。在 Excel 中，对象是指工作表中的元素，可以包括图表、图形、图片、文本框和其他可嵌入的对象。这些对象在工作表上可以被创建、修改和操作。下面通过图 6.16 进行演示操作。

如图 6.16 所示，右击图表，在弹出的快捷菜单中选择"设置图表区格式"命令，弹出右侧窗格后进行相应设置，需要选中"锁定"复选框，不然后续在设置工作表保护时就会不起作用。保存之后，回到前面介绍过的工作表保护，详情可见图 6.4，选中"编辑对象"复选框，这样对象就会被保护，需要通过密码才能进行编辑。

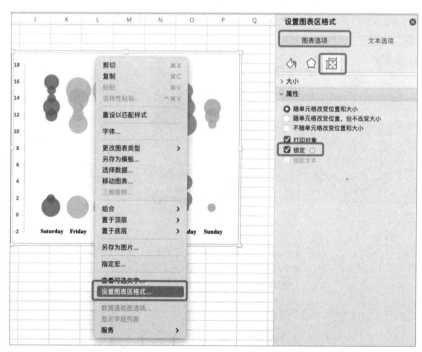

图 6.16　图表对象设置属性

在"设置图表区格式"窗格中，还可以在"属性"中对对象设置是否随单元格变化而改变位置或者大小，也可以在一定程度上对位置和大小的属性进行保护。

6.7　小结

　　本章我们学习到了如何对 Excel 中的数据进行保护。我们借助 ChatGPT 对学习路线进行整理，按照一定的询问方法让 ChatGPT 给出一份详细且完整的学习方法。按照方法中的操作分类进行拆解，每一节针对一个分类进行学习，从而让读者掌握多种方法来确保数据的安全性，在 ChatGPT 的帮助下，可更好地应用于实际中。

第7章

ChatGPT 与宏的应用

Excel中的宏是一种自动化任务的方式，它可以通过录制和运行一系列的操作来自动执行常见任务。宏记录了用户在Excel中执行的一系列操作，然后将这些操作转化为一段VBA代码。通过运行宏，可以重复执行这些操作，从而节省时间并提高效率。我们可以通过向ChatGPT提问，获取编程语言的一般性指导和提示。我们还可以向其询问语法、常见错误、最佳实践等方面的问题，它会给出相关的答案和建议。它还可以生成各种编程语言的示例代码，例如在特定情境下执行特定任务的代码片段。这些示例代码可以帮助我们理解和应用编程语言的各种概念和功能。如果在编程中报错，我们也可以将报错信息提交给ChatGPT进行提问，它会提供解决问题的线索、错误排查提示和相关知识。

7.1 宏的操作及Visual Basic编辑器

本节的内容主要分为两个部分，第一部分从创建、运行、管理、安全设置四个方面系统性地对宏进行了解和学习；第二部分了解Visual Basic编辑器界面，包括界面的组成和主要功能等。

7.1.1　宏的相关操作

之前的介绍中提到过，宏是由一系列的命令和操作指令组成，用来完成特定任务的指令集合。VBA 是一种 Visual Basic 的宏语言。实际上，宏是一个 Visual Basic 程序，是文档编辑中的任意操作或操作的任意组合。无论以何种方式创建的宏，最终都可以转换为 Visual Basic 的代码形式。

📑 提问思路

我们知道宏是一种指令集合，本质上是 Visual Basic 程序，所以可以分别用录制和 Visual Basic 两种方式来创建宏，我们可以向 ChatGPT 提问如何创建宏。

> 📖 问：　你是一个资深的 Excel 工程师，在 macOS 的 Excel 2016 中怎么去创建宏？

🌀 ChatGPT回答：

在 macOS 的 Excel 2016 中，您可以按照以下步骤创建宏。

（1）打开 Excel 并在菜单栏中选择"工具"命令。

（2）在"工具"子菜单中，选择"宏"命令。

（3）在"宏"的子选项下，您可以选择"录制新宏"以开始录制宏的步骤。

（4）在弹出的"录制宏"对话框中，为宏命名并选择宏的存储位置（默认为个人工作簿）。

（5）单击"确定"按钮后，Excel 将开始记录您的操作步骤。

（6）在录制期间，可以执行您想要包含在宏中的操作，比如输入数据、格式化单元格等。

（7）完成录制后，单击"宏"选项卡下的"停止录制"按钮，以停止录制过程。

注意事项：宏记录器会记录您在录制期间进行的所有操作步骤，包括单击、输入等，请确保您的操作是在录制宏期间所要执行的。在录制宏之前，最好先规划好您要完成的任务，并确保了解所需的操作步骤。宏创建完成后，您可以通过使用快捷键、自定义按钮等方式来运行宏。

下面让我们根据 ChatGPT 的回答来实际操作一下，具体的操作如图 7.1 和图 7.2 所示。

图 7.1　选择宏操作

图 7.2　"录制宏"对话框

如果使用 VBA 方式来创建宏，可在图 7.1 中"宏"的子命令中选择"Visual Basic 编辑器"选项，弹出的界面如图 7.3 所示。

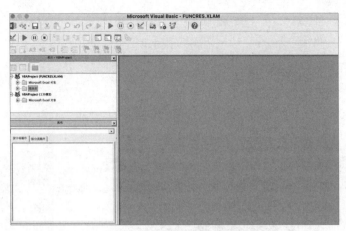

图 7.3　Visual Basic 编辑器界面

关于VBA的内容下一节再做讲解。上述操作也可以利用前面所学的知识，将相关按键放到我们熟悉的位置上，并且自定义快捷键，方面调用。通过"偏好设置"中的"功能区和工具栏"选项，在打开的对话框中将常用的关于宏的操作按键从左栏转移到右栏"自定义快速访问工具栏"中，如图 7.4 和图 7.5 所示。然后再将"开发工具"放入"自定义功能区"中，如图 7.6 所示。

图 7.4　将"录制宏"放入"自定义快速访问工具栏"

图 7.5 将 "Visual Basic 编辑器" 放入 "自定义快速访问工具栏"

图 7.6 将 "开发工具" 放入自定义功能区

接下来通过一个小例子来进行实践，这样会更加直观。如果不知道要做一个什么样的小例子，可以直接让 ChatGPT 给出一些简单的例子，下面是它提供的可选项目。

当学习 Excel 中的宏时，以下是几个可以进行实践的简单例子。

（1）自动求和宏：创建一个宏，使其能够自动求和选定范围内的数字。例如，您可以录制一个宏，该宏会选择一定范围的单元格，并计算它们的和。随后，您可以编辑宏代码，使其适应不同的选择范围。

（2）数据格式化宏：创建一个宏，能够自动将选定范围内的数据进行格式化。例如，您可以录制一个宏，查找特定数字或文本，并对它们应用特定的格式，如加粗、颜色或斜体。

（3）自动筛选宏：创建一个宏，能够自动应用筛选器并根据特定条件筛选数据。例如，您可以录制一个宏，该宏会选择某列的筛选器，并根据您所定义的条件对数据进行筛选。然后，您可以编辑宏代码，使其适应其他列或更复杂的筛选条件。

（4）数据导入宏：创建一个宏，能够从外部文件或数据库中将数据导入 Excel 工作簿中。例如，您可以录制一个宏，该宏会打开外部文件或连接到数据库，并将数据导入指定的工作表和单元格中。然后，您可以编辑宏代码，以适应不同的数据源和导入需求。

对于 ChatGPT 所提供的例子，我们可以直接拿来练习，这里我们就选择其中两个进行操作。

对于第一个是自动求和。我们可以向 ChatGPT 提问："如何在 Excel 2016 for Mac 上创建一个宏来实现自动求和？"对于修改程序的部分，本小节先不涉及，所以第一个问题我们并不要求使其适应不同的选择范围。对于具体的操作步骤，ChatGPT 的回答如下。

您可以按照以下步骤在 Excel 2016 for Mac 上创建一个宏来实现自动求和功能。

（1）在"开发工具"选项卡上，单击"录制宏"。

（2）在弹出的"录制宏"对话框中，给宏取一个名称（例如 Auto-SumMacro）和一个可选的快捷键，然后单击"确定"按钮。

（3）录制宏期间，您可以完成自动求和的操作，例如：

a. 选择一个要求和的范围

b. 单击"开始"选项卡上的"自动求和"按钮

（4）完成求和后，在"开发工具"选项卡下单击"停止录制"按钮。现在您已经创建了一个自动求和的宏，您可以使用快捷键或通过"开发工具"选项卡上的"宏"按钮来运行该宏。

下面根据ChatGPT的回答来演示一遍宏的操作步骤，如图 7.7 ~ 图 7.10 所示。

图 7.7 "自动求和"宏功能实现步骤 1

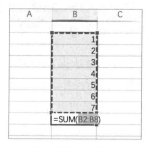

图 7.8 "自动求和"宏功能实现步骤 2　　图 7.9 "自动求和"宏功能实现步骤 3

图 7.10 "自动求和"宏功能实现步骤 4

　　在完成宏的功能创建后，让我们来测试一下。在新的单元格中输入数字，再选中最后一个数字下面的单元格，然后在"开发工具"选项卡下单击"宏"按钮，在弹出的"宏"对话框中，在"宏名称"下拉列表框中选择"自动求和"，最后单击"运行"按钮，就会进行自动求和，具体如图 7.11 所示。

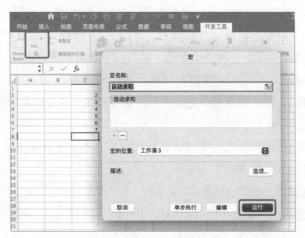

图 7.11　"自动求和"宏功能测试

　　数据格式化宏也是相同的操作步骤，不同的是 ChatGPT 回答中的第 3步，这里录制的是具体格式化操作，录制过程如图 7.12 所示。先进行字体选择，再进行字号选择，最后进行文字颜色和加粗的选择。当然这些顺序都可以改变，只要把自己想要的格式添加进去即可。

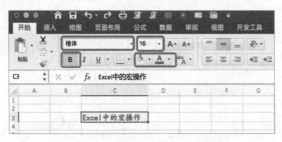

图 7.12　"数据格式化"宏功能录制

　　在上述实际案例操作中我们已经熟悉了宏的创建和运行，接下来需要学习如何去管理它。具体有下面几个管理项目。

（1）编辑宏：在宏管理器中选择一个宏，然后单击"编辑"按钮，以编辑该宏的代码。可以修改宏的逻辑和功能。

（2）删除宏：选择一个宏，然后单击"删除"按钮来删除它。请注意，删除宏是不可恢复的，请谨慎操作。

（3）宏的单步调试：指一种逐步执行宏代码的功能，允许一次执行一行代码，以便检查和调试宏的行为。通过单步调试，可以观察宏在执行过程中的每个步骤，并检查变量值、执行结果及可能的错误。

（4）导入和导出宏：使用宏管理器可以将宏导出为一个文件（称为".bas"文件），以备份或共享它。同样，也可以使用宏管理器导入一个宏，将其添加到当前工作簿中。

由于宏的单步调试涉及 VBA 代码的内容，本小节暂不讲解，其他内容将在 Excel 中一一操作。

以前面操作中的"自动求和"宏举例，在"开发工具"选项卡下单击"宏"按钮，在弹出的对话框中的"宏名称"中选择"自动求和"，单击"编辑"按钮，如图 7.13 所示。

图 7.13 "自动求和"宏功能编辑

单击"编辑"按钮后会弹出一个 Visual Basic 编辑器，"自动求和"功能的 VBA 代码如图 7.14 所示，单击就可以修改宏的功能，后续我们讲到

VBA 代码的时候再进行代码的讲解。

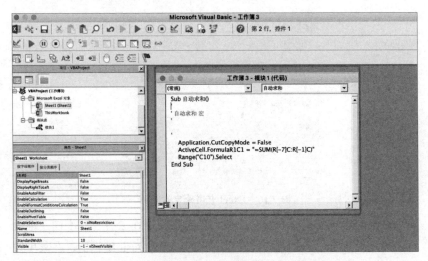

图 7.14　Visual Basic 编辑器中进行宏功能修改

　　如果只想要修改宏的快捷键设置，可以在"宏"对话框中单击"选项"按钮进行设置，如图 7.15 所示。

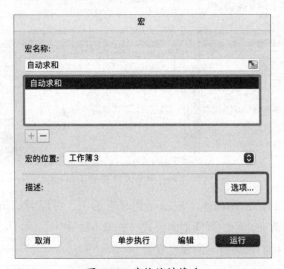

图 7.15　宏快捷键修改

如果不想要这个宏功能，也可将其删除，删除的操作如图 7.16 所示。

图 7.16　Excel 中删除宏的操作

在不同版本和操作系统中，导入导出宏的操作会有一些不同。笔者自己使用的版本中，是直接打开对应宏的 Visual Basic 编辑器，在菜单栏中选择"文件"命令，在子菜单中选择"导出文件"命令，如图 7.17 所示。

图 7.17　Excel 中导入导出宏的操作

如果在自己使用的版本中找不到对应选项，可以请 ChatGPT 帮助，询问方法同前面介绍的万能提问公式，这里不做赘述。

最后，我们来讲解宏的安全设置。

在 Excel for Mac 中，宏的安全性设置较为简单，仅有两个选项：启用宏和禁用宏。

要启用或禁用宏，可以按照以下步骤进行操作，操作截图如图 7.18 所示。

（1）在菜单栏中选择"Excel"命令，然后在子菜单中选择"偏好设置"。

（2）在弹出的窗口中选择"安全性"。

（3）在"安全性"选项卡中，有一个"启用所有宏"单选按钮，选中后将启用所有宏。取消选中"启用所有宏"单选按钮，将禁用所有宏。

图 7.18　Excel 中宏的安全性设置

7.1.2　Visual Basic编辑器的组成和功能

打开一个新的 Excel 文档，不用做任何操作。在 Excel 文档中直接打开 Visual Basic 编辑器，呈现的界面如图 7.19 所示。

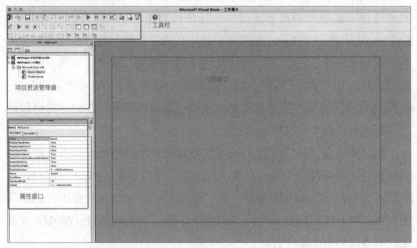

图 7.19　Excel 中 Visual Basic 编辑器初始界面

下面是 Visual Basic 编辑器的组成和功能的介绍。

（1）项目资源管理器：位于左侧的窗口，显示当前 Excel 工作簿或文档的 VBA 项目结构。可以在这里查看工作簿、模块、用户表单及其包含的对象等。

（2）代码窗口：位于右侧的窗口，显示选定项目中的 VBA 代码。可以在这里编辑代码、添加新的过程和函数，并查看代码的属性和方法。

（3）工具栏：包含了多个工具按钮，用于执行常见的操作，如运行代码、逐步执行代码、终止代码执行、添加断点等。

（4）属性窗口：通过在项目资源管理器或代码窗口中选择特定的对象（如工作表、单元格、图表等），属性窗口中会显示该选定对象的属性。这些属性可能包括对象的名称、位置、大小、字体、颜色等。可以通过修改属性窗口中的属性值，来改变选定对象的特定属性。

其实在代码窗口的下方还有一个区域叫作立即窗口，是用于调试代码和在代码执行过程中查看运行时的信息。可以在里面输入临时的 VBA 代码，也可以查看变量的值、执行表达式和命令，但是目前的空文件中没有任何代码运行，所以就没有显示。

在截图中我们发现代码窗口中是没有任何内容显示的，这是因为我们还没有在项目资源管理器中选择任何对象。在项目资源管理器中，funcres.xlam 是一个 Excel 加载项，其中包含了可供其他工作簿和项目引用的函数和资源；当前工作簿是指当前正在编辑的 Excel 工作簿，包括其中的模块、用户表单和其他对象；模块是一段包含了 VBA 代码的容器，在模块中可以编写和保存自定义的过程、函数和变量，在运行时可以通过调用这些代码来实现特定的功能。

如果需要在当前工作簿中编写代码实现特定的功能，就需要在对应的项目管理器文件夹中双击对象。比如我们想对当前的 sheet1 进行编写，那就需要双击图 7.20 中画框的位置，对应的代码窗口也会弹出代码编写的界面。Sheet1 对应的是当前选中的工作簿，如果选择 ThisWorkbook 就是针对当前的整个工作表。

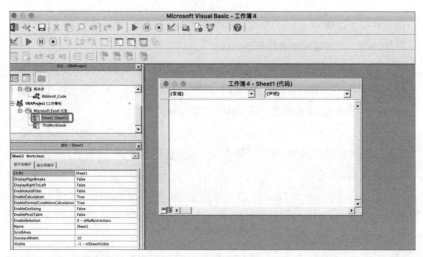

图 7.20　Visual Basic 编辑器中打开对应的代码窗口

可以看到，在图 7.20 所示的属性窗口中，有很多当前工作簿中的属性，在我们完全没有接触过这些属性的时候肯定不知道什么意思，即使有过一些编写经验，也无法把所有的属性熟记于心，如果有哪个属性不确定其概念，那么可以直接询问 ChatGPT。我们将截图中的名称发给它，让它分别解释一下，下面是它的回答。

> 　　以下是对这些属性在编辑器中选择当前工作簿对象时的意义和作用的介绍。
>
> 　　（1）DisplayPageBreaks（显示分页符）：指示是否在工作簿中显示分页符的属性。如果值为 True，则显示分页符；如果值为 False，则不显示。
>
> 　　（2）DisplayRightToLeft（从右到左显示）：指示是否启用工作簿的从右到左显示的属性。如果值为 True，则表明工作簿中的文本和对象从右到左显示；如果值为 False，则表示从左到右显示。
>
> 　　（3）EnableAutoFilter（启用自动筛选）：指示是否在工作簿中启用自动筛选功能的属性。如果值为 True，则可以使用自动筛选；如果值为 False，则禁用自动筛选。
>
> 　　（4）EnableCalculation（启用计算）：指示是否启用工作簿的计算功能

的属性。如果值为 True，则允许工作簿进行自动计算；如果值为 False，则禁用计算，工作簿将不进行自动计算。

（5）EnableFormatConditionsCalculation（启用条件格式计算）：指示是否启用工作簿的条件格式计算的属性。如果值为 True，则允许工作簿进行条件格式计算；如果值为 False，则禁用条件格式计算。

（6）EnableOutlining（启用大纲显示）：指示是否在工作簿中启用大纲显示的属性。如果值为 True，则可以使用大纲显示功能；如果值为 False，则禁用大纲显示。

（7）EnablePivotTable（启用数据透视表）：指示是否在工作簿中启用数据透视表功能的属性。如果值为 True，则可以使用数据透视表；如果值为 False，则禁用数据透视表。

（8）EnableSelection（启用选择）：指示是否在工作簿中启用单元格或区域的选择的属性。如果值为 True，则允许选择单元格或区域；如果值为 False，则禁止选择。

（9）Name（名称）：显示工作簿的名称的属性。您可以在此属性中获取或更改工作簿的名称。

（10）ScrollArea（滚动区域）：指定工作簿中可滚动的区域的属性。通过此属性，您可以限制用户在工作簿中滚动的区域。

（11）StandardWidth（标准列宽）：指定工作簿中所有列的标准宽度的属性。标准宽度用于自动调整列宽时的默认值。

（12）Visible（可见性）：指示工作簿是否可见的属性。如果值为 True，则工作簿可见；如果值为 False，则隐藏工作簿。

7.2　利用ChatGPT快速学VBA编程

上一节我们知道了在 Excel 中如何打开 Visual Basic 编辑器并了解了其界面，本节将讲解如何使用 VBA 语言进行编程。VBA 语言的基本的语法主要分为以下几个部分：数据类型和变量定义；VBA 中的运算符；VBA 中的控制结构；VBA 中常用的函数和方法；VBA 代码的基本结构，包括模块、子程序和函数的定义方式等。

7.2.1　VBA 中的数据类型和变量定义

在学习 VBA 语言时，需要先学习数据类型和变量定义。对这些内容的了解，也可以借助 ChatGPT，这个主题的提问步骤如下。

⌂ 提问思路

这部分内容需要进行系统的学习，但是由于内容和场景比较多和杂，所以直接让 ChatGPT 帮我们出一份学习文档。无论学习任何一种语言，数据类型和声明变量都会涉及以下几个内容：数据类型的概念和分类、类型转换和强制类型转换、变量的命名规范、变量的声明和初始化、变量的作用域和生命周期。所以提问时也要围绕这些方面展开。

> **▦ 问：**　你现在是 VBA 编程专家，请给我列一份在 VBA 中学习数据类型和变量的学习文档，里面需要包含但是不限于：【上述的内容分类】。

ⓢ ChatGPT 回答：

当学习 VBA 中的数据类型和变量时，以下是一份详细的学习文档。

（1）数据类型的概念和分类。

介绍数据类型的概念，解释为什么需要数据类型。

详细讲解 VBA 中常见的数据类型，如整数型、浮点型、字符串型、布尔型等。

解释 VBA 中的简单数据类型和复合数据类型的区别。

（2）类型转换和强制类型转换。

解释类型转换的概念，为什么需要类型转换。

介绍 VBA 中的隐式类型转换和显式类型转换，以及它们的应用场景。

提供具体的示例，演示如何使用函数和操作符进行类型转换。

（3）变量的命名规范。

解释变量命名规范的重要性，以及好的命名规范对代码可读性和可维护性的影响。

详细介绍 VBA 中的变量命名规范，如使用有意义和描述性的变量名，避免使用保留关键字等。

提供一些最佳实践和常见的命名约定，如驼峰命名法、匈牙利命名法等。

（4）变量的声明和初始化。

解释变量的声明和初始化的概念，以及为什么需要声明和初始化变量。

详细讲解如何在 VBA 中声明变量，并指定变量的数据类型和名称。

提供示例，演示如何给变量赋初值，以及声明和初始化变量时的常见问题和注意事项。

（5）变量的作用域和生命周期。

讲解变量的作用域概念，即变量在程序中可见和访问的范围。

解释 VBA 中的局部变量和全局变量的区别和使用方法。

介绍变量的生命周期，即变量的存在时间和有效范围。

　　有了上述学习文档，我们还可以直接让 ChatGPT 按照自己写的文档依次给出对应的讲解。但需要注意的是，由于 VBA 是 Office 套件的宏语言，在不同的 Office 软件上会有细微的差异，所以要设定使用场景，在后面的询问中最好加上在 Excel 中的 VBA 语言。我们根据它的回答对讲解内容进行筛选并重新排列顺序，选出重要的部分进行讲解，更加适合新手学习。如果其他部分有不理解的地方，也可以询问 ChatGPT。

　　VBA 中常见的数据类型，包括整数型、浮点型、字符串型、布尔型等。

　　（1）整数型（Integer）：用来表示整数值，范围为 -32,768 到 32,767。

　　（2）长整型（Long）：用来表示较大范围的整数值，范围为 -2,147,483,648 到 2,147,483,647。

　　（3）单精度浮点型（Single）：用来表示带有小数部分的数值，占用 4 个字节的空间。

　　（4）双精度浮点型（Double）：用来表示更大范围和更高精度的数值，

占用 8 个字节的空间。

（5）字符串型（String）：用来表示文本字符串，包含一系列字符。

（6）布尔型（Boolean）：用来表示真或假的值，只能是 True 或 False。

（7）变体型（Variant）：可以存储任何类型的变量，在声明时未明确指定类型时使用。

（8）日期和时间类型（Date）：用于表示日期值，包括日期和时间。

（9）对象类型：Object，用于表示通用对象类型；Range，用于表示 Excel 工作表上的单元格范围；Worksheet，表示 Excel 工作表对象；Workbook，表示 Excel 工作簿对象。

除了常见的数据类型，还有一种不属于基本的数据类型，在 VBA 中属于复合类型，这里需要做一下说明：在 VBA 中，数组和集合是两种常用的复合数据结构，用于存储和操作多个值。数组是一个按顺序排列的相同类型的元素集合，可以是一维、二维或多维的，可以存储整数、字符串、对象等各种数据类型。在 VBA 中，数组的大小一旦确定就不能更改。集合是 VBA 中的一种特殊对象，它是一个无序的元素集合，可以包含不同类型的元素。集合的大小是可变的，可以根据需要动态地添加或删除元素。

在编程中，类型转换通常用于处理不同类型的数据之间的交互和计算。需要类型转换的情况包括但不限于以下几种：当需要将一个数据类型的值赋给不同数据类型的变量时；当进行不同数据类型之间的运算或比较时；当需要将字符串类型转换为数值类型或将数值类型转换为字符串类型时。

在 VBA 中，类型转换可以分为隐式类型转换和显式类型转换。

（1）隐式类型转换：也称为自动类型转换，是指编译器自动将一个数据类型转换为另一个数据类型。隐式类型转换通常发生在小范围数据类型向大范围数据类型转换的情况下，以保证数据不丢失或结果的精确度。例如，将整数转换为浮点数，将单个字符转换为字符串等。

（2）显式类型转换：也称为强制类型转换或类型转换运算符，是指通过显式的代码编写来将一个数据类型转换为另一个数据类型。显式类型转换需要在代码中明确指定所需的转换类型。例如，将字符串转换为整数，将浮点数转换为整数等。

声明变量是为了在使用变量之前明确告知编译器变量的存在，主要是通过指定变量名称和数据类型的方式来声明。变量名应具有描述性，能够清晰地表达变量的用途和含义。在定义名称的时候需要遵守一定的规范：变量名应使用大小写字母，避免使用特殊字符或空格；变量名应以字母开头，不以数字或其他特殊字符作为开头；变量名不应与 VBA 的保留关键字相同，以免出现冲突。命名变量的方法如下。

（1）驼峰命名法：在驼峰命名法中，每个单词的首字母小写，后续每个单词的首字母大写，形成一个无空格的变量名。例如：myVariableName。

（2）帕斯卡命名法：在帕斯卡命名法中，每个单词的首字母大写，形成一个无空格的变量名。例如：MyVariableName。

（3）匈牙利命名法：在匈牙利命名法中，变量名以表示数据类型的前缀开始，后面跟随描述性名称。例如：strFirstName（表示字符串类型的名字）、intCount（表示整数类型的计数）。

通过声明变量，编译器可以为变量分配内存，并为该变量提供特定类型的操作和功能。变量的初始化是指在声明变量的同时，为变量赋予一个初始值。

变量的作用域和生命周期是关于变量在程序中可见性和存活时间的概念。

局部变量只能在声明它们的过程或函数中使用。局部变量的作用域始于变量的声明点，结束于包含变量声明的过程或函数的结束点。当程序离开该过程或函数时，局部变量的内存将被释放，变量将不再存在。全局变量是在模块级别声明的变量，它们可以在整个模块内的任何过程或函数中使用。全局变量的作用域从变量的声明点开始，直到模块的结束点。全局变量在整个程序运行期间都存在，并且在任何地方都可以访问。

我们将上述知识点进行合并，通过几个代码案例进行实践，如果是没有涉及的知识点，大家可以自行实践。

（1）声明和初始化整数变量。

```
Dim num As Integer
num = 10
```

（2）声明和初始化字符串变量。

```
Dim name As String
name = "John Doe"
```

（3）声明和初始化布尔变量。

```
Dim isTrue As Boolean
isTrue = True
```

（4）声明并初始化一个一维数组。

```
Dim arr1(2) As Integer
arr1(0) = 1
arr1(1) = 2
arr1(2) = 3
```

（5）声明并初始化一个二维数组。

```
Dim arr2(1, 1) As String
arr2(0, 0) = "Apple"
arr2(0, 1) = "Banana"
arr2(1, 0) = "Orange"
arr2(1, 1) = "Grapes"
```

（6）声明并创建一个集合。

```
Dim coll As New Collection
```

（7）声明一个全局变量，可以将变量的声明放在任何一个模块的最上方，在所有过程的外部进行声明。

```
Public myGlobalVariable As Integer
```

7.2.2 VBA中的运算符

这一部分的内容知识结构比较单一，所以可以直接询问ChatGPT，让它用知识点讲解加例子的形式进行输出。向ChatGPT进行提问的提示语模板可以设置为："请通过例子形式来讲解VBA中的【××运算符】"。

1. 算术运算符

在VBA中，算术运算符主要用于执行数学运算，包括加法运算符（＋）、减法运算符（－）、乘法运算符（＊）、除法运算符（／）、整除运算符（\）及取模运算符。根据上述提示语模板，ChatGPT给出的例子如下。

```
Dim result As Integer
result = 3 + 5          '结果为8
result = 3 + 5          '结果为8
result = 4 * 3          '结果为12
result = 4 * 3          '结果为12
result = 10 / 3         '结果为3.33333333333333
result = 10 \ 3         '结果为3，整数相除运算符
result = 2 ^ 3          '结果为8
result = 10 Mod 3       '结果为1，取模运算符，用于取除法的余数
```

2. 比较运算符

在VBA中，比较运算符用于比较两个值，并返回一个布尔值（True或False），常见的比较运算符包括等于运算符（＝）、不等于运算符（＜＞）、大于运算符（＞）、小于运算符（＜）、大于等于运算（＞＝）、小于等于运算符（＜＝）。根据前面的提示语模板，ChatGPT给出的例子如下。

```
Dim result As Boolean
result = (5 = 5)          '结果为True
```

```
result = (3 < 5)          '结果为True
result = (8 > 5)          '结果为True
result = (3 <= 5)         '结果为True
result = (8 >= 5)         '结果为True
result = (3 <> 5)         '结果为True
```

3. 逻辑运算符

在VBA中，逻辑运算符用于处理逻辑值（True或False），并根据给定的条件返回相应的结果。以下是VBA中常用的逻辑运算符。

And：逻辑与运算符，用于判断两个条件是否同时为真。

Or：逻辑或运算符，用于判断两个条件是否至少有一个为真。

Not：逻辑非运算符，用于对一个条件的真假值进行取反。

Xor：逻辑异或运算符，用于判断两个条件是否仅有一个为真。

根据前面的提示语模板，ChatGPT给出的例子如下。

```
Dim result As Boolean
result = (True And False)       '结果为False
result = (True Or False)        '结果为True
result = Not True               '结果为False
result = (True Xor False)       '结果为True
```

4. 字符运算符

在VBA中，字符运算符用于字符串的连接，能将两个或多个字符串连接或合并成一个新的字符串。

+ 或 &：连接运算符，用于连接两个或两个以上的字符串。

根据前面的提示语，ChatGPT给出的例子如下。

```
Dim result As String
result = "Hello, " & "World!"          '结果为 "Hello, World!"
```

5. 赋值运算符

在VBA中，赋值运算符用于将一个值赋给一个变量、属性或数组元素。VBA中的赋值运算符是一个等号（=）。根据前面的提示，ChatGPT给出的例子如下。

```vba
Dim x As Integer
x = 10          '将值 10 赋给变量x
x += 5          '相当于 x = x + 5
```

-=、*=、/=：类似于 +=，操作符可以根据需要进行替换

6. 其他运算符

()：圆括号运算符，用于分组操作数据。

```vba
Dim result As Integer
result = (10 + 5) * 2        '结果为 30
```

.：点运算符，用于引用对象的属性和方法。

```vba
Dim myRange As Range
Set myRange = Worksheets("Sheet1").Range("A1:B2")
myRange.ClearContents    '通过点运算符调用Range对象的
                         ' ClearContents方法
```

:：冒号运算符，用于在同一行上编写多个语句。

```vba
Dim x As Integer : Dim y As Integer    '声明多个变量在同一行上
x = 10 : y = 20                        '将两个值分配给不同的变量
                                       '在同一行上
```

7.2.3 VBA中的控制结构

在Excel中使用VBA，我们可以使用各种控制结构来控制程序的执行

流程。以下是 VBA 中常用的控制结构。

1. 条件语句

If…Then：用于根据条件执行不同的代码块。

If…Then…Else：在条件为真时执行一个代码块，在条件为假时执行另一个代码块。

If…Then…ElseIf…：在多个条件之间进行选择，仅当一个条件为真时执行相应的代码块。

Select Case：根据不同的条件值执行相应的代码块。

2. 循环语句

For…Next：用于循环执行一段代码块，循环次数固定。

For Each…Next：遍历集合或数组中的每个元素，执行一个代码块。

Do…Loop：执行一段代码块并检查条件，如果条件满足，则继续执行循环。

While…Wend：根据条件循环执行一段代码块。

3. 跳转语句

GoTo：将程序的控制转移到指定标签处。

Exit：退出循环或子程序。

Continue：跳过当前迭代并进行下一次迭代。

4. 异常处理

On Error GoTo：用于处理运行时的错误，将程序控制转移到指定的错误处理代码块。

Resume：控制错误处理流程，指定错误处理完成后继续执行的位置。

这些控制结构可以根据具体的需求进行嵌套使用，以实现复杂的程序逻辑和流程控制。例如，可以在循环中使用条件语句来控制循环的执行，或者在条件语句中使用循环来重复执行一段代码。

为了更好地理解这些控制结构，我们可以借助 ChatGPT，大家可以参考下面的步骤。

👍 **提问思路**

可以让 ChatGPT 对不同控制结构分别生成对应的代码并完成讲解，也可以组合提问，在更好地理解相应结构的作用的同时，也能明白如何将它们组合使用，达到想要的功能。

> 🖥 **问:** 你现在是 VBA 编程专家，请将上面回答中涉及的几个控制结构（包括条件语句、循环语句、跳转语句、异常处理）全部使用上，输出一段代码示例。

🎯 **ChatGPT回答:**

```vba
Sub ControlStructureExample()
    Dim i As Integer
    Dim j As Integer
    On Error GoTo ErrorHandler ' 异常处理
    For i = 1 To 5
        If i = 3 Then
            GoTo SkipLoop ' 跳转到标签 SkipLoop，跳过当前迭代，
                          ' 执行下一次迭代
        End If
        Debug.Print "外层循环: " & i
        For j = 1 To 3
            If j = 2 Then
                GoTo NextIterationInInner Loop ' 跳过内层循环的
                                               ' 剩余迭代，执行
                                               ' 内层循环下一次
                                               ' 迭代
            End If
            Debug.Print " 内层循环: " & j
NextIterationInInnerLoop:
        Next j
```

```
    SkipLoop:
        Next i
        Select Case i
            Case 1
                Debug.Print "i 的值为 1"
            Case 2, 3
                Debug.Print "i 的值为 2 或 3"
            Case Is > 3
                Debug.Print "i 的值大于 3"
            Case Else
                Debug.Print "i 的值不在已定义的范围内"
        End Select
        Exit Sub ' 正常退出
    ErrorHandler:
        Debug.Print "发生错误: " & Err.Description
        Resume Next ' 继续执行下一个语句
        ' 可以在这里添加其他的错误处理代码
    End Sub
```

　　大家可以复制这段代码发给 ChatGPT，让它给出详细的解释。其中涉及的一些函数和方法，我们在后面小节会讲到，大家可以结合着进行学习。

7.2.4　VBA中常用的函数和方法

　　在 VBA 中，存在大量的常用函数与方法，包括字符串处理、日期和时间操作、文件操作及其他多种功能。我们同样可以借助 ChatGPT 进行了解和学习。在向 ChatGPT 进行提问时，可以参考下面的步骤。

　　🖐 提问思路

　　我们的需求是了解 VBA 书写函数和调用方法，所以提问也是围绕着这两个方面进行。

> 📖 问：　你现在是VBA编程专家，请大致介绍一下如何用VBA书写函数
> 和调用方法。

⑤ ChatGPT回答：

在VBA中，函数是一种可被调用并返回一个值的过程。下面是函数的一般书写格式：

Function 函数名（参数 1 As 类型，参数 2 As 类型，…）As 返回值类型
　　'函数的代码
　　'……
　　'返回值
　　函数名 = 返回值
　　'结束函数
　　Exit Function
End Function

其中，函数的各个部分的解释如下。

（1）函数名：是您自己定义的函数的名称。

（2）参数 1 As 类型，参数 2 As 类型，…：是函数的参数列表。每个参数由名称和类型组成。您可以根据函数的需要定义多个参数，也可以不定义任何参数。

（3）返回值类型：指定函数的返回值类型。它可以是整数、字符串、日期、布尔值或其他类型。

（4）函数的代码：是函数的主体。在这个部分，您可以编写执行特定操作的代码，也可以声明并使用局部变量。

（5）返回值：用于设置函数的返回值。您可以使用"函数名 = 返回值"的语法来设置返回值。

（6）Exit Function：用来退出函数的语句。

以下是一个示例函数的代码：

```
Function AddNumbers(num1 As Integer, num2 As Integer) As
Integer
        ' 计算两个数字的和
        Dim sum As Integer
        sum = num1 + num2
        ' 设置返回值
        AddNumbers = sum
        ' 退出函数
        Exit Function
End Function
```

在这个示例函数中，我们定义了一个名为 AddNumbers 的函数，该函数接受两个整数类型的参数 num1 和 num2。在函数的主体中，我们使用 Dim 语句声明了一个局部变量 sum，并计算了 num1 和 num2 的和。最后，我们使用 AddNumbers = sum 设置了函数的返回值为 sum。

注意：在函数中，如果没有显示使用 Exit Function 语句退出函数，则函数会在最后一条可达的代码行结束，并返回该行的值，无论是否设置了返回值。

在向 ChatGPT 提问关于方法如何调用时，它的回答如下。

当在 VBA 中使用对象时，可以调用该对象的方法来执行一些操作。方法是与对象相关联的行为或动作。下面是方法的一般书写格式：

对象 . 方法 (参数 1, 参数 2, …)

其中，对象可以是一个变量或表达式，它引用一个对象。而方法是对象具有的一个操作或行为，用于实现特定的功能。参数是可选的，用于向方法传递必要的信息。

以下是一个示例，展示了如何书写一个方法的调用：

```
Sub ExampleMethod()
    Dim ws As Worksheet
    Set ws = ThisWorkbook.Worksheets("Sheet1") '引用工作簿中
                                                '名为"Sheet1"
                                                '的工作表
    '使用工作表的方法来进行操作
    ws.Activate '激活工作表
    ws.Range("A1").Value = "Hello" '将文本 "Hello" 写入 A1 单元格
    ws.Range("A1").Font.Bold = True '将 A1 单元格的字体设置为
                                    '粗体
End Sub
```

在上述示例中，ws 是一个 Worksheet 对象，它表示 Excel 工作簿中的一个工作表。我们使用 Set 语句将工作表赋值给 ws 变量。然后，我们可以使用 ws 对象的方法来执行操作。在示例中，我们使用了以下方法：Activate 方法，激活工作表，使其成为活动工作表；Range("A1").Value，访问工作表上的 A1 单元格，并使用 Value 属性将文本 "Hello" 写入该单元格；Range("A1").Font.Bold，访问工作表上的 A1 单元格的字体属性，并使用 Bold 属性将其设置为粗体，属性是与对象相关联的值或特征，用于描述对象的状态或特性。这个例子中用到了方法和属性，总体来说方法是我们可以要求对象执行的操作，而属性则表示对象的状态或特征。通过调用方法，我们可以告诉对象执行某种操作。而通过读取或设置属性，我们可以获取或修改对象的特性或值。

接下来，我们再让 ChatGPT 分别回答 VBA 中常用的函数和方法。需要注意的是，要说明在 Excel 中使用，ChatGPT 的回答会更有针对性。在向 ChatGPT 进行提问时，提示语可以为"请列举 Excel 中 VBA 常用函数及示例"，对于提问中的常用函数，它的回答如下。

在 Excel 中的 VBA 编程中，有许多常用的函数可用于操作和处理数据。以下是一些常见的 Excel VBA 函数示例。

（1）MsgBox：以对话框形式显示消息。

MsgBox "Hello, World!"

（2）Range：引用单个单元格或一组单元格。

Dim cell As Range

Set cell = Range("A1") ' 引用单个单元格

（3）Cells：引用工作表中的特定单元格。

Dim cell As Range

Set cell = Cells(1, 1) ' 引用第一个单元格(A1)

（略）

推荐大家将上面的代码在编辑器中实验一遍，可以看到输出结果，然后修改代码改变输出结果，就会更加清楚函数的作用。针对不太理解的函数也可以再进行深入提问。而对于 VBA 常用的方法，ChatGPT 的回答如下。

在 Excel 中的 VBA 编程中，有许多常用的方法可用于操作和处理数据。以下是一些常见的 Excel VBA 方法示例。

（1）Select：选择一个特定的单元格或单元格范围。

Range("A1").Select ' 选择单元格 A1

（2）Copy：复制选定的单元格或单元格范围。

Range("A1:B2").Copy ' 复制单元格范围 A1:B2

（3）Paste：粘贴复制的内容到指定位置。

Range("C1").Paste ' 在单元格 C1 粘贴复制的内容

（略）

同样地，如果对哪个方法不太懂或者想深入理解，可以针对上述回答继续追问。

7.2.5 VBA 代码的基本结构

在学习了 VBA 语言的基础组成部分之后，我们需要对基本结构有一个了解，这就相当于用链条把这些组成部分串在一起，让代码真正地发挥作用。提问的步骤参考如下。

🖐 提问思路

可以先向 ChatGPT 询问代码的基本结构，得到基本结构后再分别按照分类去向 ChatGPT 提问，得到的答案会更加详细，对学习的指导意义也会更大。由于 VBA 代码的基本结构包括模块、子程序和函数的定义方式，所以我们也围绕这些进行提问。

▥ 问： 你现在是 VBA 编程专家，请大致介绍一下 Excel 的 VBA 编程中的模块概念。

⑨ ChatGPT 回答：

在 Excel 的 VBA 编程中，模块是用于存储和组织 VBA 代码的容器。它允许将相关功能和任务组织在一起，使代码易于管理和维护。一个 VBA 项目可以包含一个或多个模块。

以下是关于 Excel VBA 模块的一些详细说明。

（1）创建模块。

打开 VBA 编辑器，在 VBA 编辑器的项目资源管理器窗格中，选择一个工作簿或项目，右击，在弹出的快捷菜单中选择"插入"→"模块"命令，即可创建一个模块。

（2）模块的属性和名字。

每个模块都有一个名称，可以在 VBA 编辑器的项目资源管理器窗格中看到。可以通过在代码窗格中使用 Name 关键字来访问和设置模块的名称。模块可以被分配一个描述性的名称，以便更好地组织和理解代码。

（3）模块内的代码。

模块是一个可以包含 VBA 代码的容器。可以在模块中编写子程序、函数和变量声明等代码。模块中的代码可以直接在 VBA 编辑器中编写，也可以通过复制和粘贴从其他地方获取。

（4）共享和私有代码。

在模块中编写的代码可以是共享或私有的。共享代码可以在整个项目中访问和调用。私有代码只能在当前模块中访问和使用。

（5）导入和导出模块。

可以将模块从一个 Excel 文件导出为文件，然后在其他文件中导入。实现了将模块从一个项目复制到另一个项目中，或者与其他开发人员共享模块。

（6）删除模块。

可以通过右击 VBA 编辑器的项目资源管理器窗格中的模块，在弹出的快捷菜单中选择"删除"命令来删除模块。注意：删除模块将永久删除其中的所有代码，所以在删除之前请确保已备份相关代码。

对于上述 ChatGPT 的回答，有什么不懂的地方可继续深入追问 ChatGPT，可以询问操作的详细步骤，也可以请 ChatGPT 针对新入门的初学者使用比喻或者更简洁易懂的方式进行介绍。对于子程序，ChatGPT 的介绍如下。

在 Excel 的 VBA 编程中，子程序是一组语句的集合，用于执行特定的任务或操作。它是 VBA 代码中一个独立的部分，可以在代码中定义和调用。

以下是关于 Excel VBA 子程序的一些详细说明。

（1）定义子程序。

子程序使用 Sub 关键字定义，后跟子程序的名称和一对圆括号。子程序的名称应该是唯一的，并且应该具有描述性，以便清楚地表示其功能。可以在子程序的圆括号中定义参数，以便在调用子程序时传递参数值。以下是一个简单的子程序定义示例：

```
Sub HelloWorld()
    ' 代码块
    MsgBox "Hello, World!"
End Sub
```

（2）调用子程序。

在其他 VBA 代码中，可以使用子程序的名称来调用它。调用子程序时，可以为子程序中定义的参数传递对应的参数值。通过调用子程序，可以执行其中定义的一系列操作。

调用上面定义的子程序的示例：

```
HelloWorld          '调用子程序
```

（3）子程序的代码块。

子程序包含在一对大括号 {} 中，被称为代码块（Code Block）。代码块是子程序中实际执行操作的部分，可包含一系列的 VBA 语句。在代码块中，可以包含各种控制语句、变量声明、对象操作等。以下是一个子程序的示例，展示了如何在代码块中编写多条语句。

```
Sub ExampleSub()
    '变量声明
    Dim x As Integer
    Dim y As Integer
    '赋值
    x = 5
    '加法操作
    y = x + 10
    '显示结果
    MsgBox "The result is: " & y
End Sub
```

（4）子程序的参数。

子程序可以定义参数，用于在调用时传递值。参数允许在子程序中使用传递进来的值，以便根据需要执行操作。在定义子程序时，可以在子程序的圆括号中列出参数的名称和类型。以下是一个示例，展示了如何定义带有参数的子程序：

```
Sub Greeting(name As String)
    MsgBox "Hello, " & name & "!"
End Sub
```

调用带参数的子程序的示例：

```
Greeting "John"                ' 调用带参数的子程序并传递参数值
```

通过使用子程序，可将代码分解为更小的部分，使其更易于管理和维护。子程序可以单独调用，也可以从其他部分的 VBA 代码中调用。

关于函数的定义方式前面已经介绍过了，这里不再赘述。我们通过上面的学习虽然了解了每个组成代码结构的分类，但并不知道它们的关系及如何配合使用，所以在这里还需要进行提问。就像知道了身体各个系统的组成和功能，还需要知道它们如何协调地工作，才能知道整个身体的运行机理。针对这个问题，ChatGPT 的回答如下。

在 Excel 的 VBA 编程中，模块、子程序和函数之间有以下区别。

（1）定义和用途。

模块是用于存储和组织 VBA 代码的容器。它可以包含一个或多个子程序、函数、变量声明和其他代码。

子程序是一组语句的集合，用于执行特定的任务或操作。它使用 Sub 关键字定义，并且没有返回值。

函数也是一组语句的集合，用于执行特定的任务或操作，并且返回一个值作为结果。它使用 Function 关键字定义，并且必须返回一个值。

（2）返回值。

模块本身不返回任何值，它只是用于组织和管理代码的容器。

子程序不返回任何值，它只是用于执行任务或操作的语句集合。

函数必须返回一个值作为结果，这个结果可以被用于其他代码中。

（3）参数。

子程序和函数都可以定义参数，以接收和处理特定的值。

参数可以在子程序或函数的定义中声明，并在调用时传递值。参数的作用是允许将值传递给子程序或函数，以便执行特定的操作。

（4）调用方式。

模块本身不可被调用，它只是用于组织代码的容器。

子程序和函数可以在代码中的任何位置被调用。它们可以在模块内部被调用，也可以被其他模块内的代码调用。

为了组成完整的代码实现功能，模块、子程序和函数可以通过相互调用和合理的组织来配合使用。下面是一种常见的使用方式。

（1）创建模块。（略，前面已经讲过）

（2）定义子程序和函数。

在模块中定义子程序和函数，根据不同的任务和功能，将代码分解为更小的部分。子程序和函数应该具备独立的功能，如处理特定的计算、操作或执行特定的任务。

（3）调用子程序和函数。

在需要的地方，通过子程序和函数的名称来调用它们。在调用子程序和函数时，根据需要传递相应的参数值。

（4）子程序和函数的相互调用。

在子程序或函数中，可以通过名称直接调用其他子程序或函数。这样可以实现代码的复用和模块化，将任务或功能划分为更小的部分并将其分别处理。

（5）结合逻辑和控制流程。

使用条件语句（如If…Else语句）和循环结构（如For循环或Do循环）来控制代码的执行流程。在子程序和函数中结合逻辑和控制流程，实现按照预期顺序执行任务或操作的要求。

我们已经对VBA的编程知识进行了了解，接下来需要不断地实践、思考和修正。

7.3 Excel中的VBA编程实践

本节我们针对使用Excel时常见的VBA操作来进行实践，在实践中学习怎么使用ChatGPT教我们编程。

我们在前面录制宏的时候，实现过一个自动求和功能，但是当时的自动求和只能在固定行数的单元格中，无法实现根据行数的变化和数据变化进行自动求和，在本节我们来实现一下。

（1）录制宏实现选中单元格求和。

（2）利用VBA批量生成Word报告。

下面我们通过两个案例来对Excel中的VBA编程进行实践学习。

第一个案例为第 7.1.1 节中介绍的自动求和宏。在第 7.1.1 节中，我们已经录制了宏，所以可以直接打开该宏对应的VBA代码进行修改。现在，我们主要的需求是选择一列中的内容，将有内容的单元格中的数值进行自动求和。我们可以借助ChatGPT，了解实现该需求的VBA代码。在向ChatGPT提问时，一定要描述清楚需求。ChatGPT给出的结果如下。

```
Sub 自动求和()
    Dim rng As Range
    Dim sumValue As Variant
    Dim sumRange As Range
    ' 获取选中的列范围
    Set rng = Selection
    ' 判断有内容的范围，并计算求和范围
    For Each cell In rng
        If Not IsEmpty(cell.Value) Then
            If sumRange Is Nothing Then
                Set sumRange = cell
            Else
```

```
                    Set sumRange = Union(sumRange, cell)
                End If
            End If
        Next cell
        ' 求和并将结果显示在选中区域的下方一行
        If Not sumRange Is Nothing Then
            Set lastCell = rng.Cells(rng.Rows.Count)
            Set lastCell = lastCell.Offset(1)
                        ' 获取最后一个单元格的下方一行
            sumValue = WorksheetFunction.Sum(sumRange.Value)
            lastCell.Value = sumValue
        Else
            MsgBox "没有找到内容数据。"
        End If
    End Sub
```

在自动求和的案例中，我们已经录制了宏，所以打开 VBA 编辑器找到宏对应的 VBA 代码，按照上述 ChatGPT 修改后的代码对宏模块中的代码进行修改之后，选中需要求和的列中有内容的单元格后，单击"宏"按钮，就可以得到选中的列中的所有内容之和。

第二个案例常见于检测机构中根据检测的表格数据批量生成相同格式的 Word 版检测报告。可能会涉及多个文件之间的信息交互，比如有以下文件：检测记录数据；送检用户信息；检测报告模板。上述三个文件如表 7.1、表 7.2 和图 7.21 所示。

表 7.1　检测记录数据

编号	姓名	送检时间	检测时间	检测人	检测结果
01	张三	20230101	20230102	王医生	阴性
02	李四	20230101	20230102	王医生	阳性
03	王五	20230101	20230102	李医生	阴性

表 7.2　送检用户信息

姓名	身份证号	性别
张三	32145XXXXXXXXX	男
李四	45245XXXXXXXXX	男
王五	61131XXXXXXXXX	女

检测报告

姓名：{$姓名}
性别：{$性别}
身份证号：{$身份证号}
编号：{$编号}

检测结果：患者于北京时间{$检测时间}经过{$检测人}检测，最终确认为{$检测结果}

报告时间：{$年}年{$月}月{$日}日

图 7.21　检测报告模板

在知道了具体要做的事情后，我们可以套用第 2 章介绍的向 ChatGPT 提问的万能公式模板进行提问，但是这里的难点是，如何给 ChatGPT 描述清楚需求。参考第 2 章的方法，可以将【效果描述】这个大目标分解为更小、更具体的子目标。

于是我们可以将上面的目标拆解成【内容实现】+【格式实现】。接下来先实现内容，可以准确地把 Excel 文档中对应位置的内容组成需要的 Word 文档内容，再考虑后续的字体、格式、对齐方式等的实现。

拆解完后我们进行第一个问题的提问："你现在是一个资深 Excel 工程师，精通 VBA 语言，我有一个 Excel 文档，在 Sheet1 中的 B2 到 G5 的单元格中有下面的内容：【复制检测记录数据】，在 B12 到 D15 的单元格中有下面的内容：【复制送检用户信息】。现在想要使用上面的 Excel 中的内容，实现把每个用户的信息批量生成对应用户的 Word 格式的检测报告文档，内容如下：【复制检测报告模板】。需要怎么写 VBA 代码？"下面是

ChatGPT 为我们生成的代码。

```
Sub GenerateReports()
    Dim wsData As Worksheet
    Dim wsTemplate As Worksheet
    Dim objWord As Object
    Dim objDoc As Object
    Dim i As Integer
    ' 设置数据工作表和模板工作表
    Set wsData = ThisWorkbook.Sheets("Sheet1") ' 数据工作表
    Set wsTemplate = ThisWorkbook.Sheets("Template")
                                    ' 模板工作表
    ' 创建 Word 对象
    Set objWord = CreateObject("Word.Application")
    objWord.Visible = True ' 可见模式打开 Word
    ' 遍历数据行
    For i = 2 To 5 ' 假设数据行范围为 2 到 5, 根据实际情况进行调整
        ' 打开模板文档
        Set objDoc = objWord.Documents.Open("C:\Path\to\
                        your\Template.docx")
        ' 替换文档中的占位符
        ReplacePlaceholder objDoc, "{$ 姓名 }", wsData.
                        Range("B" & i).Value
        ReplacePlaceholder objDoc, "{$ 性别 }", wsData.
                        Range("C" & i).Value
        ReplacePlaceholder objDoc, "{$ 身份证号 }", wsData.
                        Range("D" & i).Value
        ReplacePlaceholder objDoc, "{$ 编号 }", wsData.
                        Range("A" & i).Value
        ' 继续替换其他内容, 根据需要添加更多的占位符和对应的数据
```

```
                ' 保存生成的报告文档
                objDoc.SaveAs "C:\Path\to\your\GeneratedReport_" &
                            wsData.Range("A" & i).Value & ".docx"
                ' 关闭报告文档
                objDoc.Close
                ' 在循环的下一个迭代中，打开下一个报告文档
            Next i
            ' 关闭 Word 对象
            objWord.Quit
            ' 释放对象变量
            Set objWord = Nothing
            Set objDoc = Nothing
            MsgBox "报告生成完成！"
    End Sub
    Sub ReplacePlaceholder(objDoc As Object, placeholder As
                            String, replacement As String)
        With objDoc.Content.Find
            .ClearFormatting
            .Text = placeholder
            .Replacement.ClearFormatting
            .Replacement.Text = replacement
            .Execute Replace:=2
        End With
    End Sub
```

根据上面的代码，我们知道了具体的实现步骤如下。

（1）定义数据工作表和模板工作表对象，分别表示存储数据的工作表和存储报告模板的工作表。

（2）创建一个表示 Word 应用程序的对象（objWord），并使其可见。后续将利用这个 Word 对象模型来控制 Word 应用程序和文档的打开、替

换及保存等操作。

（3）使用循环遍历数据工作表中指定的数据行，根据每一行的数据生成对应的报告。

（4）在每次迭代中，打开报告模板文档（objDoc）。

（5）使用自定义的ReplacePlaceholder子过程，通过在模板文档中查找和替换占位符来填充报告内容。占位符是在模板文档中作为标记出现的特殊字符串，例如 "{姓名}"、"{性别}" 等。这些占位符将被对应行中的数据进行替换。

（6）保存生成的报告文档，并根据数据工作表中的编号进行命名。报告文档保存的路径和命名规则可以根据实际情况进行调整。

（7）在循环的下一个迭代中，关闭当前报告文档，准备打开下一个报告模板文档。

在上述ChatGPT生成的回答中，大体的流程都是正确的，但是我们发现了几个错误：第一个是原始的表中只有一个工作簿，即"Sheet1"，而代码中却定义生成了一个不存在的"Template"工作簿；第二个是在遍历数据工作表中指定的数据行的时候，代码中遍历了 2～5 行，但是这些行中并没有身份证的信息，而代码中却显示ReplacePlaceholder objDoc, "{$身份证号}", wsData.Range("D" & i).Value，用 2～5 行中D列的信息去填充身份证信息，这明显是错误的；第三个是检测人、检测时间和检测结果，以及最后一行对应的目前的时间信息均没有做处理。所以上述代码是无法使用的。它的作用只是给我们提供了大致的代码书写逻辑和步骤，不仅需要根据实际情况修改部分内容，包括数据工作表的名称、模板工作表的名称、模板文档的路径，以及根据报告内容在GenerateReports过程中逐步替换的部分，还需要进行一定的逻辑修改，才能确保代码顺利运行。

我们可以利用之前学过的知识在这个框架中自行修改，当然也可以直接指出错误点让ChatGPT自行修正。提问方式为："在实现把每个用户的信息批量生成对应用户的Word格式的检测报告文档的VBA代码中，你给出的代码存在以下问题【书写上述问题】，请进行修改后返回正确答案。"

经过 ChatGPT 修正的输出如下。

```
Sub GenerateReports()
    Dim wsData As Worksheet
    Dim objWord As Object
    Dim objDoc As Object
    Dim i As Integer
    ' 设置数据工作表和模板工作表
    Set wsData = ThisWorkbook.Sheets("Sheet1") ' 数据工作表
    ' 创建 Word 对象
    Set objWord = CreateObject("Word.Application")
    objWord.Visible = True ' 可见模式打开 Word
    ' 遍历数据行
    For i = 2 To 5 ' 假设数据行范围为 2 到 5，根据实际情况进行调整
        ' 打开模板文档
        Set objDoc = objWord.Documents.Open("C:\Path\to\
                        your\Template.docx")
        ' 通过姓名查找身份证号和性别
        Dim rngFound As Range
        Set rngFound = wsData.Range("B12:B15").
                        Find(What:=wsData.Range("B"
                        & i).Value, LookIn:=xlValues,
                        LookAt:=xlWhole)
        If Not rngFound Is Nothing Then
            Dim id As String
            Dim gender As String
            id = rngFound.Offset(0, 1).Value ' 姓名对应的身份证号
            gender = rngFound.Offset(0, 2).Value ' 姓名对应的性别
            ' 替换文档中的占位符
            ReplacePlaceholder objDoc, "{$ 编号 }", wsData.
```

```vba
                                        Range("A" & i).Value
            ReplacePlaceholder objDoc, "{$姓名}", wsData.
                                        Range("B" & i).Value
            ReplacePlaceholder objDoc, "{$身份证号}", id
            ReplacePlaceholder objDoc, "{$性别}", gender
            ' 检测时间、检测人和检测结果
            ReplacePlaceholder objDoc, "{$检测时间}", wsData.
                                        Range("C" & i).Value
            ReplacePlaceholder objDoc, "{$检测人}", wsData.
                                        Range("D" & i).Value
            ReplacePlaceholder objDoc, "{$检测结果}", wsData.
                                        Range("E" & i).Value
            ' 最后一行的报告时间
            Dim nowDate As String
            nowDate = Format(Date, "yyyy年mm月dd日")
            ReplacePlaceholder objDoc, "{$年}", Year(nowDate)
            ReplacePlaceholder objDoc, "{$月}", Month(nowDate)
            ReplacePlaceholder objDoc, "{$日}", Day(nowDate))
            ' 保存生成的报告文档
            objDoc.SaveAs "C:\Path\to\your\GeneratedReport_"
& wsData.Range("A" & i).Value & ".docx"
            ' 关闭报告文档
            objDoc.Close
            ' 在循环的下一个迭代中，打开下一个报告文档
        End If
    Next i
    ' 关闭Word对象
    objWord.Quit
    ' 释放对象变量
    Set objWord = Nothing
```

```
        Set objDoc = Nothing
        MsgBox "报告生成完成！"
    End Sub
    Sub ReplacePlaceholder(objDoc As Object, placeholder As
String, replacement As String)
        With objDoc.Content.Find
            .ClearFormatting
            .Text = placeholder
            .Replacement.ClearFormatting
            .Replacement.Text = replacement
            .Execute Replace:=2
        End With
    End Sub
```

上述代码中的主要实现逻辑已经基本没有问题了，但是还需要注意，下面的条件均满足才能稳定运行代码。

（1）数据工作表存在，并且命名为Sheet1。

（2）模板文档存在，并且路径为C:\Path\to\your\Template.docx。请确保替换为您实际的模板文档路径。

（3）数据工作表中的数据行范围为第2行到第5行（根据实际情况进行调整）。

（4）数据工作表中的数据对应的单元格范围为B12:B15。

（5）模板文档中的占位符为"{$编号}"、"{$姓名}"、"{$身份证号}"、"{$性别}"、"{$检测时间}"、"{$检测人}"、"{$检测结果}"、"{$年}"、"{$月}"、"{$日}"。

（6）生成的报告文档保存路径为"C:\Path\to\your\GeneratedReport_"+编号+".docx"。需要确保替换为实际的报告文档保存路径。

另外，需要确保已正确安装并激活 Microsoft Word 应用程序。不同版本的Excel中代码仍然有细微不同，谨慎起见还是需要限制版本。由于本案例是通过引用Microsoft Word对象库来实现的，所以需要确保正确引用对象库或没有安装相应的组件。具体的引用操作如图 7.22 所示。在VBA编辑器的菜单栏中，选择"工具"→"引用"。在出现的窗口中，找到并选中"Microsoft Word XX.X Object Library"（其中XX.X是已安装的Microsoft Word版本），然后单击"确定"按钮保存更改。

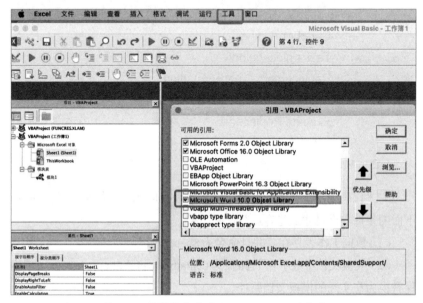

图 7.22　编辑器中引用 Microsoft Word 对象库

接下来，我们在上面代码的基础上进行格式的修改，即修改 Word 文档中内容的字体名称和字体大小。同样，我们还是借助 ChatGPT 对 Word 字体进行设置：

```
Sub ModifyFont(objDoc As Object, fontName As String, fontSize As Integer)
    objDoc.Content.Font.Name = fontName
    objDoc.Content.Font.Size = fontSize
End Sub
```

在上面的代码中，添加了一个新的名为ModifyFont的子过程。这个过程可以将字体样式修改为指定的字体名称和字体大小。可以根据需要修改ModifyFont子过程中的字体名称和字体大小参数，以获取所需的字体样式并输出到报告文档中。

除了通过修改宏模块代码及直接进入编辑器编写当前工作簿或者工作表的代码，我们还可以添加一些组件来创建一个"触发事件"，比如说开发工具中的按钮、组合框、复选框等，具体如图7.23所示。

图 7.23　开发工具中可以用作触发的组件

创建触发事件的方法为：从开发工具中拖动按钮、组合框、列表框等控件到工作簿界面；调整控件的位置和大小；右击按钮控件，在弹出的快捷菜单中选择"选择宏"命令，并命名一个单击事件名称。在按钮的单击事件处理程序中输入 VBA 代码逻辑，以响应按钮的单击事件。下面是一个最基础的单击事件代码：

```
Private Sub CommandButton1_Click()
    ' 在按钮单击事件中执行的代码逻辑
    MsgBox "按钮被单击了！"
End Sub
```

可以用同样的方式在其他控件的相关事件处理程序中添加逻辑代码。例如，当组合框的选项发生更改时，可以在其 Change 事件处理程序中编写代码。

本节中的案例实现比较顺畅，但是在实际使用过程中，越复杂的代码，进行的调试就越频繁，所以在编辑器中要学会如何使用科学的方法去调试代码。

7.4 Excel中的VBA代码调试

当我们的代码书写有误或者无法实现想要的功能的时候，就需要在编辑器中使用工具进行改正和调试。关于编辑器中识别错误信息的报错分类，可以在官网中通过"Visual Basic for Application"→"语言参考"→"用户界面帮助"→"错误消息"查看，里面有详细的介绍。下面我们挑几个常见的错误，在编辑器中操作一遍，看看编辑器会弹出什么样的信息，以及遇到这样的情况要如何去调试。首先让ChatGPT生成一个对应的错误案例，然后将代码复制进编辑器中运行，查看Excel中的提示详情，最后按照提示中的错误详情进行修改，直到顺利运行。

常见的错误情况有下面几种。

（1）变量或对象未声明：在使用某个变量或对象之前，必须先声明它们，如果没有正确声明变量或对象，就会出现"变量未定义"或"对象变量未设置"的错误。

```
Sub VariableUndefined()
    i = 10      '变量 i 未声明，会出现变量未定义的错误
    MsgBox i
End Sub
```

（2）语法错误：指代码中有拼写错误、缺少或多余符号等。这些错误通常由错别字，以及缺少或多余的括号、引号或运算符等引起。

```
Sub SyntaxError()
    Dim x As Integer
    x = 5      '正确的赋值语句
    '错误的赋值语句，少了一个等号
    x 5       '会出现语法错误
```

```
    MsgBox x
End Sub
```

（3）引用错误：指代码中引用的对象、属性、方法或库不存在或使用
方式错误。这可能是由于拼写错误、未正确引用相关的库或不支持的操
作引起的。

```
Sub ReferenceError()
    Dim ws As Worksheet
    Set ws = ThisWorkbook.Worksheets("Sheet1")
                              ' 引用Sheet1 工作表
    ws.Range("A1").Value = "Hello"    ' 引用工作表的单元格来赋值
    ' 错误的工作表名称，应为 "Sheet1" 而非 "SheetA"
    Set ws = ThisWorkbook.Worksheets("SheetA")
                                    ' 会出现引用错误
    MsgBox ws.Name
End Sub
```

（4）对象特定的错误：有些错误是特定于对象的，例如，尝试访问不
存在的对象，使用不适用于特定对象的方法或属性等，这些错误可能需
要根据具体情况进行调整。

```
Sub ObjectSpecificError()
    Dim rng As Range
    Set rng = Range("A1:A10")    ' 引用 A1:A10 范围对象
    ' 错误的范围引用，需要明确的工作表引用
    Set rng = Worksheets("Sheet1").Range("A1:A10")
                              ' 会出现对象特定的错误
    MsgBox rng.Address
End Sub
```

在运行代码的时候，需要用到编辑器中工具栏的一些功能，常用功能如图 7.24 所示。中间两个灰色的功能按键忽略，从左到右的功能依次为运行子过程、中断、重设、切换断点、单步执行、地点窗口、邻近窗口、监视窗口。

图 7.24　Visual Basic 编辑器调试代码常用工具

（1）运行子过程：在 Visual Basic 编辑器中，可以通过单击"运行"按钮或设置快捷键来运行当前的子过程并查看结果。

（2）中断：中断是指在代码执行过程中暂停程序的运行。可以通过单击"停止"按钮或设置快捷键来中断正在运行的程序。这在代码中发现问题时非常有用。

（3）重设：重设是指将程序的执行状态重置为初始状态。可以通过单击"重设"按钮来重置运行时的状态，并清除已经运行的代码。这样做可以使程序重新开始执行。

（4）切换断点：断点是在代码中设置的一个标记，程序在运行到该处时会停止执行，以便检查代码的状态和值。在 Visual Basic 编辑器中，可以通过单击行号来设置一次断点，在设置断点的位置再次单击为取消设置断点。

（5）单步执行：单步执行允许逐行执行代码并在执行过程中查看代码的状态。

（6）地点窗口：地点窗口是在 Visual Basic 编辑器中用于调试代码和执行即时命令的一个窗口。可以在地点窗口查看表达式、输出值和类型。

（7）邻近窗口：邻近窗口是 Visual Basic 编辑器中用于查看和监视当前子过程中的局部变量和其值的一个窗口。在调试代码时，可以使用邻近窗口来查看变量的值，以帮助分析代码的执行情况。

（8）监视窗口：监视窗口是 Visual Basic 编辑器中用于监视和跟踪特

定变量或表达式的值的一个窗口。可以在监视窗口中添加要监视的变量或表达式，并在程序执行期间实时查看它们的值。这对于了解代码中变量的变化非常有用。

接下来，我们让ChatGPT给出一份有代码和上述调试功能的操作文档，并按照提供的文档自己实践一遍。向 ChatGPT 提问的提示词可以设置为："请给出一份VBA代码，演示如何使用上述调试工具【前面列举的调试代码工具】进行调试上述代码。"

下面是它给出的操作文档：

以下是一段示例的 Excel VBA 代码，演示了如何使用上述调试工具进行调试：

```
Sub ExampleCode()
    Dim rng As Range
    Dim i As Integer
    '设置断点
    Stop
    '在地点窗口中查看变量值
    i = 0
    Debug.Print "初始值为 " & i
    '在监视窗口中添加变量
    Debug.Print "在监视窗口中添加变量 rng"
    Set rng = Range("A1:A10")
    '用单步执行，逐行执行代码
    For Each cell In rng
        '用邻近窗口监视变量值
        Debug.Print "当前的 i 值为 " & i
        Debug.Print "当前的单元格值为 " & cell.Value
        '逐行执行代码
        i = i + 1
        '设置条件断点
```

```
        If i > 5 Then
            Stop
        End If
    Next cell
    '完成单步执行
    MsgBox "代码执行完毕"
End Sub
```

下面是针对以上代码的调试操作步骤。

（1）在 Excel 文件中打开 Visual Basic 编辑器。

（2）在左边窗格中选择一个适当的模块，例如 "Sheet1" 或 "Module1"。

（3）将以上示例代码复制粘贴到选定的模块中。

（4）在代码的第 9 行上设置一个断点，可以是单击行号右侧的空白区域，也可以将光标放在代码行上，然后按对应的快捷键。

（5）单击工具栏上的运行按钮（绿色的播放按钮）或按对应的快捷键，开始运行代码。

（6）当代码执行到设置的断点处时，程序会暂停，此时可以使用调试工具进行调试。

（7）在断点暂停时，可以打开地点窗口，查看变量 i 的值。

（8）在监视窗口中添加变量：右击添加要监视的变量 rng，打开监视窗口，以便在代码执行期间查看其值。

（9）使用单步执行功能逐行执行代码：按下单步执行功能按键或对应快捷键，代码会逐行执行，并暂停在下一行。您可以在邻近窗口中查看变量值。

（10）使用条件断点：在代码中设置条件断点，例如在代码第 20 行之前的代码，使用 If i > 5 Then Stop 条件判断，当 i 的值大于 5 时会暂停执行。

您可以重复使用以上步骤，逐步调试代码，并使用断点、地点窗口、监视窗口及邻近窗口等调试工具来查看和修改变量的值，以了解代码的执行情况。

（11）当代码执行完毕或再次单击停止按钮时，调试结束。

关于以上代码的调试操作步骤，其中重要步骤的截图如图 7.25 ~ 图 7.28 所示。

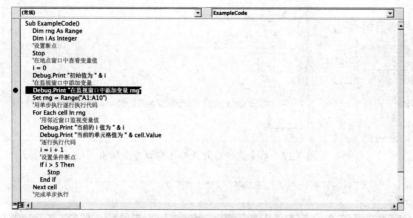

图 7.25　Visual Basic 编辑器设置断点

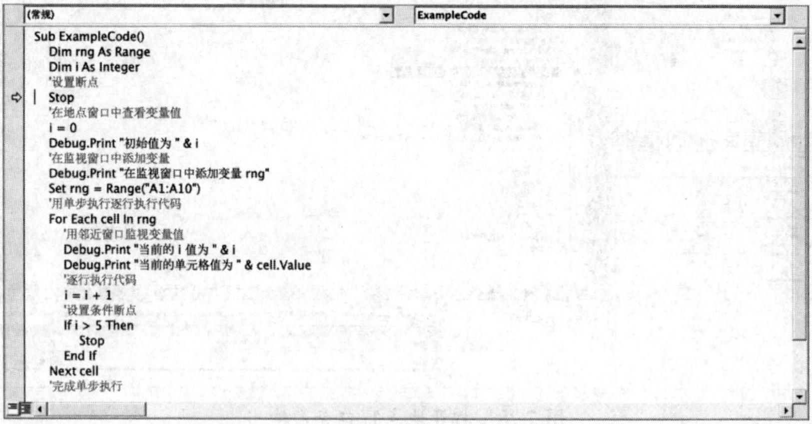

图 7.26　运行代码会停止在断点处

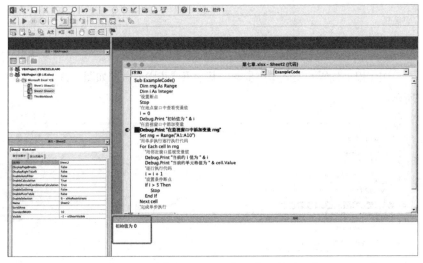

图 7.27　单步执行后打开邻近窗口查看输出

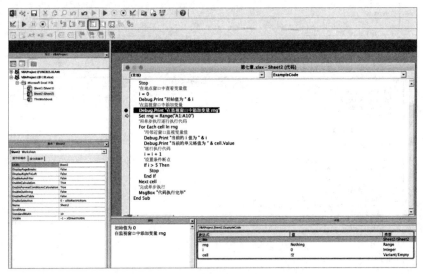

图 7.28　打开地点窗口查看输出

7.5　小结

本章学习了 Excel 中非常重要的功能：宏和 VBA 编程。我们通过拆分知识点基本确定了一条学习路线，每一节进行一个环节的学习。环环相扣地利用 ChatGPT 给出一个合理的知识解析，使用一些小技巧和学习方法帮助我们更好地掌握知识。需要注意的是，本章涉及快捷键的地方，由于系统等的不同会导致快捷键不同，所以没有给出准确的快捷键。

另外，本章的内容只是较为基础的知识，主要目的在于搭建知识结构，以及讲解利用 ChatGPT 进行学习的方法。如果想学习更深入的知识，可以参考第 10 章，自行去搭建一条属于自己的进阶学习路线。

第 8 章

ChatGPT 带你学习 Power Query

　　Power Query 是 Excel 中的一项强大的数据获取和转换工具，它可以帮助我们从各种来源获取数据并进行数据处理和转换。

　　Power Query 的功能非常强大，这也意味着它的操作繁多及知识点丰富。首先让 ChatGPT 帮我们将 Power Query 的知识点进行分门别类，生成一条循序渐进的学习路线。本章的内容结构也将按照功能拆分，并按照步骤由浅入深地进行讲解。我们先来了解在 Excel 中如何调用 Power Query，以及它支持的数据来源；再来学习 Power Query 的编辑器界面及对应的命令；然后通过实际的例子学习常规的数据处理操作，并通过实例来学习多表合并查询和追加查询，以及学习 M 语言及其应用。

8.1 Power Query的调用和支持的数据源

　　本章的相关讲解都以 Windows 版本为主。因为 macOS 版本的 Excel 可能无法连接某些特定的数据源，所以在演示时可能会漏掉很多连接方式。但是使用 Excel 文件作为数据来源的操作和 Windows 版本基本无异。Power Query 的调用方法如图 8.1 所示。我们从"数据"选项卡进入，可以看到获取数据、查询连接有很多种方式。Microsoft 2010 及 2013 版本的 Excel 没有自带 Power Query 的选项卡，但是可以从 Microsoft 官网的下载中心下载安装这个工具，添加后会出现在选项卡中。下面针对这些可支持的数据源展开讲解。

图 8.1 Excel 中调用 Power Query 的入口

在初次接触到 Power Query 的知识点的时候，我们可以参考下面的步骤向 ChatGPT 进行提问。

🖑 提问思路

对于一个新的知识点，当我们知道一些背景信息，但是不知道它的操作和意义的时候，就可以直接采用向 ChatGPT 提问的方式进行了解。对于 Power Query，这里最好限制系统和版本（尤其是这种不同版本的入口和分类有差异的情况），让 ChatGPT 进行讲解，并且附上建立连接需要的条件和操作方法。

> 📠 问： 你现在是精通 Excel 的工程师，请大致介绍一下在 Microsoft Excel 2013 中，Power Query 连接多种数据源的方法。

🖎 ChatGPT 回答：

在 Microsoft Excel 2013 中，Power Query 功能可用于连接多种数据源。以下是一些数据源和连接方法的概述。

（1）Excel 文件：Power Query 可以连接并导入其他 Excel 文件的数据。您可以选择单个或多个工作表，并且可以应用各种转换和过滤操作。

（2）文本和 CSV 文件：您可以连接和导入文本文件（如 txt 文件、csv 文件）的数据。Power Query 会自动检测文本文件的分隔符，可以手动调整和指定分隔符。

（3）数据库：Power Query 支持连接和导入来自不同类型数据库的数据，

如SQL Server、Access、Oracle和MySQL等。您可以提供数据库的连接字符串和凭据来建立连接，并执行查询或选择数据表。

（4）Web数据：Power Query可以从Web URL导入结构化表格数据。您可以提供网页的URL地址，然后从网页中选择和导入所需的表格数据，还可以对数据进行转换和处理。

（5）属性表：Power Query支持连接和导入属性表数据，如Active Directory、SharePoint列表和Exchange邮件等。您可以提供凭据和查询筛选条件，以选择和导入所需的数据。

　　如果大家还想了解上述回答中没有涉及的数据来源，可以把数据来源列成一个表，直接让ChatGPT解释。

　　下面我们通过实践直接连接数据源，来看一下实际使用Power Query的时候应该如何配置。首先是Excel文件的数据连接。在使用这种数据连接形式的时候，我们一定要把它的应用和使用场景结合起来。针对Power Query连接Excel数据源的常见使用场景，ChatGPT的回答如下。

在Power Query中连接Excel数据源的常见应用场景如下。

（1）数据整合：将多个Excel文件或工作簿中的数据合并为一个数据集。这对于需要将多个部分的数据进行合并、分析和报告的用户特别有用。

（2）数据清洗：Excel文件中的数据通常包含不一致的格式、重复值、空白行等问题。通过使用Power Query连接Excel数据源，可以快速清洗和预处理数据，例如删除重复行、填充缺失值、处理文本格式等。

（3）数据筛选：Excel文件中的数据可能会很庞大，借助Power Query，可以通过选择行、列或属性，只导入和处理感兴趣的部分数据，提高工作效率。

（4）数据转换：Excel文件中的数据可能需要进行特定的转换和处理。使用Power Query，可以通过添加计算列、合并列、拆分列、转换数据类型等操作，实现数据的转换和准备工作。

　　总结一下，在处理大量数据时，对多个来源的工作表数据进行整合、清洗、转换表格数据，这种场景下比较适合使用Power Query。单击"数据"选项卡中的"获取数据"按钮，在其下拉列表中选择"来自文件"→"从

Excel工作簿",我们会看到如图8.2所示的界面,直接选择本地存储的表格导入就可以。

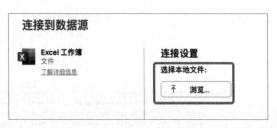

图8.2 选择连接Excel数据源的界面

按照相同的方法再了解一下其他的数据源连接,如Web数据,ChatGPT的回答如下。

> 在Power Query中连接Web数据的常见应用场景如下。
>
> (1)数据采集:从网页抓取数据并导入Excel,通常用于监视和获取网页上的实时数据,如股票报价、天气预报、新闻动态等。
>
> (2)数据整合:将来自不同网页的数据进行整合,例如从不同的网站或页面抓取数据,并合到一个数据表中,从而更方便地进行分析和报告。
>
> (3)数据转换:Web数据通常具有特定的格式和结构,可能需要进行数据清洗和转换以适应你的需要。使用Power Query连接Web数据,可以对数据应用转换操作,如拆分列、更改数据类型、填充缺失值等。

在"数据"选项卡下单击"其他来源",然后选择"自网站",将会打开如图8.3所示的对话框。在该对话框中选择对应的数据连接后,单击"确定"按钮,即可在Power Query中连接Web数据。

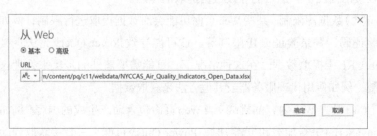

图8.3 从Web连接数据

下面我们来尝试解析一个网站的信息，比如选择一个官方的统计信息的网页，把里面的数据解析进我们的表格中，解析完成之后的界面如图 8.4 所示。

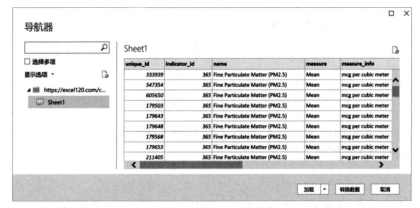

图 8.4　从 Web 连接到的数据

上面的例子只是一个静态网页的公开数据集。但是现实生活中我们的需求是多种多样的，使用这种连接获取数据会有下面的局限性。

（1）数据质量不稳定：数据的可靠性和质量取决于 Web 页面的稳定性和数据的更新频率。如果 Web 页面的结构或数据源发生变化，可能会导致数据提取失败或获取到不准确的数据。

（2）数据提取速度慢：如果要从 Web URL 中提取大量的数据，连接和加载数据的速度可能较慢。这是因为 Power Query 会从 Web 页面下载整个页面的内容，然后从中提取所需的数据。对于大型数据集或在网络速度较慢的情况下，这可能导致数据提取的延迟。

（3）数据源限制：某些 Web 页面可能会对数据提取进行限制，例如需要验证码、登录验证或 IP 限制等。这可能导致 Power Query 无法直接从 Web URL 中提取数据。在这种情况下，可能需要额外的步骤来处理这些限制，例如使用代理服务器或其他方法来获取数据。

（4）动态 Web 内容的挑战：当 Web 页面包含动态生成的内容（例如使用 JavaScript 进行加载和更新）时，Power Query 可能无法直接获取到动态生成的数据。在这种情况下,可能需要使用其他工具或技术来模拟用户行为,以获取完整和准确的数据。

最后来看一下连接数据库适合在哪些场景下使用,向 ChatGPT 提问的提示词可以为:"在 Power Query 中,连接数据库的使用场景有哪些?" ChatGPT 的回答如下。

在 Power Query 中,连接数据库的使用场景可以根据数据库的特点来区分。下面是一些具体的实践例子。

(1)数据集中管理:数据库通常用于存储和管理大量的结构化数据。通过连接数据库,你可以直接从数据库中提取所需的数据,并进行转换和处理,以满足特定的分析需求。例如,你可以连接一个客户关系管理(CRM)数据库,提取客户信息以便进行市场细分和推广活动。

(2)实时数据分析:某些数据库具有实时的数据更新功能,即使数据在不断变化,你也可以随时从数据库中获取最新的数据。通过连接这样的数据库,你可以使用 Power Query 实时分析和处理数据,以便进行实时业务决策。例如,你可以连接一个电子商务数据库,并对销售数据进行实时监控和分析,从而快速了解销售趋势和客户行为。

(3)数据权限控制:数据库通常具有严格的数据权限控制机制,可以根据用户角色和权限来限制对数据的访问。通过连接数据库,你可以使用 Power Query 根据用户的权限级别来提取和处理数据。例如,你可以连接一个人力资源管理系统数据库,根据权限级别提取不同部门员工的薪资信息,以便进行薪酬分析和报告。

(4)数据关系管理:数据库中的数据通常以表格和关系的形式组织,具有复杂的数据结构和关联关系。通过连接数据库,你可以使用 Power Query 轻松地进行表间的关联和数据整合。例如,你可以连接一个供应链管理系统的数据库,并将供应商和产品数据进行关联,以便进行采购分析和供应链优化。

总的来说,连接数据库的使用场景主要围绕数据集中管理、实时数据分析、数据权限控制和数据关系管理展开。

在"数据"选项卡下单击"获取数据"下拉按钮,在下拉菜单中选择"来自数据库"→"从 SQL Server 数据库",将会弹出如图 8.5 所示的对话框。在弹出的对话框中输入对应的服务器的地址及要获取数据库的名称，然后单击"确定"按钮，即可在Power Query中连接到数据库的数据。如有需要还可以编写SQL语句提前对数据进行过滤等。

图 8.5　从 MySQL 数据库连接数据

连接成功以后，我们就可以选择要加载至Power Query的表了。

由于采用Web URL连接数据及数据库连接数据的方式有很多局限性，不好演示，所以后续的讲解以连接Excel文件的方式为主。

8.2　Power Query的编辑器界面介绍

我们下载了一些公开数据集，将它们进行处理后得到了关于不同种类的药物在不同时间的销售情况，具体情况如图 8.6 所示。由于不同月份的销售数据存放在不同的表格中，所以我们利用Power Query把几个月的数据合并在一起，按照连接Excel文件的方法，依次把一月数据、二月数据、三月数据的数据文件加载进来。

购药时间	购买人编号	商品编码	商品名称	销售数量	应收金额	实收金额
2018-02-17 星期三	11177328	236701	三九感冒灵	5	149	131.12
2018-02-22 星期一	10065687828	236701	三九感冒灵	1	29.8	26.22
2018-02-24 星期三	13389528	236701	三九感冒灵	4	119.2	104.89
2018-02-23 星期二	105391328	236704	感康	2	16.8	15
2018-02-25 星期四	103935028	236704	感康	4	33.6	29.56
2018-02-05 星期五	1005262628	861368	感康	2	17	14.96
2018-02-06 星期六	10073161228	861368	感康	3	25.5	22.5
2018-02-16 星期二	11534628	861368	感康	2	17	15
2018-02-23 星期二	1005262628	861368	感康	2	19	17
2018-02-05 星期五	10011527928	861375	醒脑降压丸	4	73.2	64.42
2018-02-18 星期四	10036729328	236705	感康	5	42	37.5
2018-02-02 星期五	10613228	861397	氨加黄敏胶囊(请报77504)	2	35	31
2018-02-05 星期五	10060539228	861397	氨加黄敏胶囊(请报77504)	2	35	30.8
2018-02-17 星期三	101938528	861397	氨加黄敏胶囊(请报77504)	3	52.5	48.5
2018-02-26 星期一	10048367928	861397	氨加黄敏胶囊(请报77504)	1	17.5	15.5
2018-02-06 星期六	10012556628	236706	阿司匹林	2	93.6	84
2018-02-10 星期三	10024724728	236706	阿司匹林	1	46.8	42
2018-02-12 星期五	103564528	236706	阿司匹林	2	93.6	84
2018-02-20 星期六	10010784828	236706	阿司匹林	1	46.8	42
2018-02-20 星期六	10070347728	236706	阿司匹林	3	140.4	126
2018-02-25 星期三	10012556628	236706	阿司匹林	-2	-93.6	-84
2018-02-25 星期四	10028164428	236706	阿司匹林	1	46.8	41.18

图 8.6 药物销售情况的部分数据

在"数据"选项卡下单击"获取数据"下拉按钮，在下拉菜单中选择"来自文件"→"Excel工作簿"命令，在打开的对话框中选择加载的文件后。在"主页"选项卡中单击"转换数据"按钮之后就会跳转到Power Query编辑器中，之后呈现的界面就如图 8.7 所示。

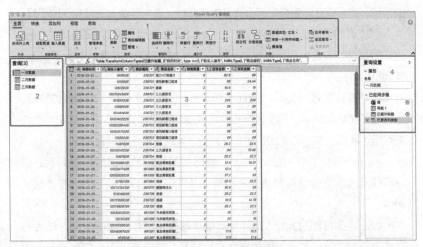

图 8.7 Power Query 编辑器界面

下面我们让ChatGPT介绍一下Power Query编辑器的组成部分。

🖒 提问思路

由于不同系统和版本的界面可能有略微的差异，所以我们输入提示词的时候，要描述清楚。第一要让它根据Excel的官方文档内容进行回答，第二要限制版本系统信息，第三要讲清楚是介绍编辑器界面的组件功能。不然ChatGPT有可能会理解错，从而只介绍功能区，而不是介绍整个页面的组成部分。遵循上述询问方法将信息误差降到最低。

> **问:** 你现在是精通Excel的工程师，请根据Excel的官方文档内容，介绍一下Microsoft Excel 2013中Power Query编辑器界面的组件功能。

⑤ ChatGPT回答:

根据Excel官方网站的Power Query学习文档，对编辑器界面不同组件的功能分类进行介绍。

（1）预览窗格（Preview Pane）：预览窗格显示了从数据源加载的数据的预览。你可以在此窗格中查看数据的前几行，以便对数据进行初步的了解。

（2）查询设置窗格（Query Settings Pane）：查询设置窗格显示了当前查询的属性和设置。你可以在此窗格中查看和更改查询步骤、数据源设置、查询说明等。

（3）查询面板（Query Editor Toolbar）：查询面板位于编辑器的顶部，包含了多个功能按钮，用于执行各种查询操作和管理数据。这些按钮包括获取数据、编辑、应用和关闭、加载、刷新、管理查询、查询设置等。

（4）查询视图（Query View）：查询视图显示了查询的步骤列表。你可以在此视图中查看和编辑查询步骤，以对数据进行转换、清洗和整理等操作。

（5）数据视图（Data View）：数据视图显示了经过查询步骤处理后的数据表格。你可以在此视图中查看查询结果，并进行进一步的数据分析和处理。

（6）功能面板（Function Panel）：功能面板位于编辑器的左侧，显示了可用的转换和操作函数列表。你可以在此面板中搜索特定的函数，并将其应用到查询步骤中，以实现不同的数据转换或操作。

可以发现，即使我们做了很多限制，它的回答仍然和实际情况不符。有可能是因为我们的提问表述和官方文档的叙述方式有一些出入，在这种情况下，建议去官方文档中搜索最准确的描述。官方文档可以通过"帮助"→"文档"→"Power Query 文档"获得。在官方文档中直接搜索"Power Query 编辑器用户体验"，会出现相应的解释，我们对应图 8.7 进行介绍。

方框区域 1 是功能区：通过提供各种命令和工具，使用户能够方便地进行数据导入、转换、清理和加载操作。

方框区域 2 是"查询"窗格：显示所有可用查询的视图。

方框区域 3 是当前视图：默认情况下显示查询数据的预览结果。我们可以在架构视图和数据预览视图之间进行切换，架构视图提供了每一列的一个整体情况概览。在"视图"选项卡中单击"架构视图"按钮即可切换视图，如图 8.8 所示。

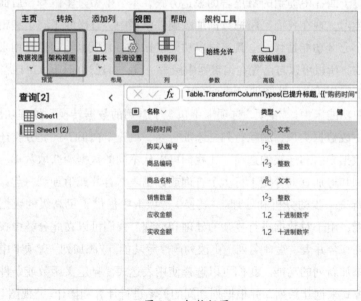

图 8.8　切换视图

方框区域4是查询设置：当前所选择查询的视图，其中包含查询名称、查询步骤和各种指示器等信息。

那么图8.7中方框区域1和方框3之间对应的区域是什么呢？它是一类公式的输入框。可以复制当前输入框的内容向ChatGPT进行询问，得到的回答如下。

> 在Power Query编辑器中，公式输入的地方是用于指定Power Query操作和转换的地方。具体而言，公式输入是一种基于M语言的表达方式，用于描述数据的处理逻辑和转换步骤。
>
> 在你提供的例子中，Table.PromoteHeaders(#"导航 1", [PromoteAllScalars = true])是一个公式。这个公式的作用是将表格的首行作为列标题进行提取。
>
> 通过在公式输入框中输入这样的公式，你可以利用Power Query的功能对数据进行处理和转换。公式输入框还会提供自动完成和文档提示，以帮助你输入正确的公式和参数。

对于回答中提到的M语言的表达方式，本节不做过多解释，后面会进行学习。现在我们已经把数据加载到编辑器中，且已经了解了编辑器的各个分区功能是什么。其实很多功能根据名字大概也能知道是用来做什么的，所以可以自己先在编辑器中探索一番，再通过向ChatGPT提问，以对不同分区中的功能进行详细了解。

在功能区中，"主页"选项卡中包含了常用的数据转换和处理功能，例如更改数据类型、删除行列、添加行列、填充空白值等。此分类还提供了数据导入和连接的选项，让我们可以从不同的数据源获取数据。合并查询和追加查询等用于将多个查询或数据表格合并或追加到一起，以便进行进一步的分析和处理。"转换"选项卡中提供了更高级的数据转换功能，用于对数据进行复杂的处理和整理。我们可以在此分类中找到拆分列、合并表、重命名列、更改列顺序等功能。"添加列"选项卡中提供了添加新列的功能。我们可以选择使用表达式、自定义函数或条件判断等方式来创建新列，并根据列之间的关系进行计算和操作。"视图"选项卡中提供了与查询视图和数据视图相关的功能，可以在此分类中切换查询视图。其实功能区中的很多功能也可以直接在数据预览视图中进行操作。

在查询窗格中，可以选择我们要编辑的查询。右击后，在弹出的快捷菜单中可以看到该查询可以进行的操作。例如，使用"复制"或"引用"功能创建一个查询，使用"上移"和"下移"对查询窗格顺序进行调整。右击空白处也可以进行"新建查询""合并查询""新建参数""新建组"的操作，如图 8.9 所示。

关于这些操作具体的含义，可以直接询问 ChatGPT。

在数据预览视图中随便选中一列并右击，在弹出的快捷菜单中会发现有非常丰富的操作命令，如图 8.10 所示。

功能区中非常多的操作都可以在右键菜单里面找到，且这些功能是我们需要去掌握的常见功能。当我们单击每一列中的下拉按钮的时候，出现的界面就和在正常 Excel 单元格筛选下的选项基本一致，会有筛选器和排序的选择。

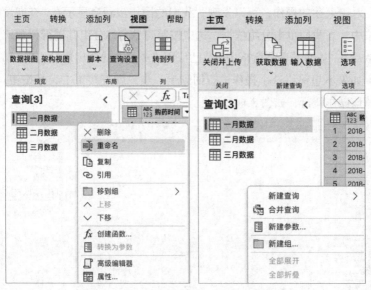

图 8.9　Power Query 编辑器查询窗格探索

图 8.10　Power Query 数据预览窗格探索

对于上述的操作，可以发现，我们的操作步骤会显示在"查询设置"窗格中。当我们单击分组依据，选中按照商品名称分组并进行行数统计，确认后在"查询设置"窗格中的"已应用步骤"中就会出现分组的行的操作。如果不想保留这个操作，想回到上一步，就直接单击叉号按钮，删除掉该操作就行，如图 8.11 所示。

图 8.11　Power Query 查询设置窗格探索

8.3 Power Query中的常规数据处理操作

根据前面对Power Query编辑器中功能的了解及在实际工作中需要掌握的常见操作可以发现，数据处理操作不外乎如下几个方面：拆分列；合并列；提取字符；转换表结构；表格查询（单表查询满足条件的数据，多表查询满足条件的数据）；单列分组计算；多列分组计算。所以要想掌握数据处理操作，可以采取下面的步骤进行提问。

🖒 提问思路

基于我们现有的数据基础（三个月的药品销量），让ChatGPT制定一个使用到上述数据及操作的实例。

▦ 问： 你是一个精通Power Query的Excel工程师，我现在的表中有如下信息：【复制表中几行数据，包含所有的列信息】。我想要利用Power Query编辑器做这些操作：【复制前面提到的常用操作】，请帮我制定一个可以用表中的数据实践和上述操作的实例。

🔘 ChatGPT回答：

当使用Power Query编辑器时，可以使用以下操作来实现你列出的分析需求。

（1）拆分列：通过此操作，你可以将一个列拆分成多个列，从而提取出想要的信息。例如，你可以将购药时间列拆分为日期和星期两列。

（2）合并列：通过此操作，你可以将多个列合并成一个新的列。例如，你可以将购药时间和星期两列合并成一个新的购药日期列。

（3）提取字符：通过此操作，你可以从一个列中提取出指定的字符或文本。例如，你可以从商品名称列提取出特定的关键字。

（4）转换表结构：通过此操作，你可以对表格进行行列转换，从而更好地进行数据分析。例如，你可以将商品名称作为新的列名，将销售数量作为对应商品的值，以更方便地分析每种商品的销售情况。

（5）表格查询：通过此操作，你可以根据给定的条件，从单个表格中筛选出满足条件的数据。例如，你可以筛选出购药时间在某个时间范围内的购买记录。

（6）多表查询：通过此操作，你可以根据共同的列或键将多个表格关联起来，从而进行多表查询和分析。例如，你可以将购买记录表格与购买人信息表格关联，以获得更详细的分析结果。

（7）单列分组计算：通过此操作，你可以按照单个列的值进行分组，并对每个组进行计算和聚合。例如，你可以按照购买人编号将购买记录分组，并计算每个购买人的总销售数量或实收金额。

（8）多列分组计算：通过此操作，你可以按照多个列进行分组，并对每个组进行计算和聚合。例如，你可以按照购药时间和星期将购买记录分组，并计算每个时间点和星期对应的总销售数量或实收金额。

那么接下来我们就按照它的回答进行实践操作。

（1）将购药时间列拆分为日期和星期两列。大家可以自行在功能区的拆分列中自行探索，也可以先让 ChatGPT 解释一遍具体的选项并附带上例子。选项如图 8.12 所示，将鼠标停留在具体选项上，左侧会出现具体的功能简介。此操作最简单的方法还是直接把购药时间的信息复制给 ChatGPT，并在询问时向它提出具体需求，比如要求将时间列拆分为日期和星期两列。

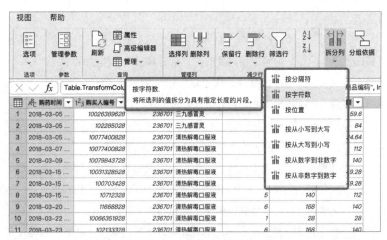

图 8.12　Power Query 拆分列选项探索

当我们直接向 ChatGPT 进行询问的时候，ChatGPT 的回答如下。

> 在 Power Query 编辑器中，你可以通过以下步骤将时间列拆分为日期和星期两列。
>
> （1）首先，选择时间列，右击该列的标题，然后在弹出的快捷菜单中选择"拆分列"→"按字符数拆分"命令。
>
> （2）在弹出的对话框中，选择"10"作为字符数选项。
>
> （3）单击"确定"按钮继续拆分操作。
>
> （4）拆分后，会生成两列新列，一列是日期，另一列是星期。
>
> （5）对于日期列，右击该列的标题，在弹出的快捷菜单中选择"更改类型"→"日期"命令，将其转换为日期格式。
>
> （6）对于星期列，如果你想要去除"星期"字样，可以右击该列的标题，在弹出的快捷菜单中选择"替换值"命令，将"星期"替换为空即可。

在复制的时候需要注意格式，格式不对或者中间加了多余字符（比如空格），就会造成它的回答出现偏差。当我们根据它的回答操作之后，会得到图 8.13 所示的数据。

	购药时间.1	购药时间.2	购药时间.3	购药时间.4	购药时间.5	购药时间.6	购药时间.7
1	2018-03-05	星期六	null	null	null	null	null
2	2018-03-05	星期六	null	null	null	null	null
3	2018-03-05	星期六	null	null	null	null	null
4	2018-03-07	星期一	null	null	null	null	null
5	2018-03-09	星期三	null	null	null	null	null
6	2018-03-15	星期四	null	null	null	null	null
7	2018-03-15	星期二	null	null	null	null	null
8	2018-03-15	星期二	null	null	null	null	null
9	2018-03-20	星期日	null	null	null	null	null
10	2018-03-22	星期二	null	null	null	null	null
11	2018-03-23	星期三	null	null	null	null	null
12	2018-03-24	星期四	null	null	null	null	null
13	2018-03-24	星期四	null	null	null	null	null
14	2018-03-28	星期一	null	null	null	null	null
15	2018-03-29	星期二	null	null	null	null	null
16	2018-03-19	星期六	null	null	null	null	null
17	2018-03-23	星期三	null	null	null	null	null
18	2018-03-31	星期四	null	null	null	null	null
19	2018-03-11	星期五	null	null	null	null	null
20	2018-03-17	星期四	null	null	null	null	null
21	2018-03-23	星期三	null	null	null	null	null
22	2018-03-25	星期五	null	null	null	null	null
23	2018-03-05	星期六	null	null	null	null	null
24	2018-03-13	星期日	null	null	null	null	null
25	2018-03-22	星期二	null	null	null	null	null

图 8.13 拆分列后的数据

可以发现，拆分后多出来了很多空值列，这是因为原始的列中有很多空格，不过这个也不影响，直接把空行删除掉就行。

（2）合并列就将上面拆分的列直接选中进行合并，恢复原来的购药时间信息。合并列中有很多选项，如图 8.14 所示，恢复成原来的信息就选择无连接字符即可。但是合并后会生成一列新的数据，并不会替代之前的时间信息。

图 8.14　Power Query 合并列操作选项

（3）关于提取字符，在这里可以从商品名称列提取出特定的关键字，假如我们要提取出包含"口服液"关键字的信息，如果包含此关键信息就填写"是"，如果不包含的话就显示为"否"。我们可以借助 ChatGPT 进行了解，那么它的回答如下。

> 要从商品名称中提取出包含关键词"口服液"的信息，你可以使用 Power Query 编辑器中的添加列功能来实现。请按照以下步骤进行操作。
> （1）在 Power Query 编辑器中，选择"商品名称"列。
> （2）在顶部的菜单栏中选择"添加条件列"功能。
> （3）在条件列设置对话框中，输入一个新的列名（例如"是否口服液"）。
> （4）在条件列公式框中，输入以下公式：
> if Text.Contains([商品名称], "口服液") then "是"] else " 否 "。
> （5）单击"确定"按钮生成条件列。

在弹出的"添加条件列"中填入所需要的信息。这里并不需要写公式，而是要进行逻辑选择和填写，具体的界面如图8.15所示。

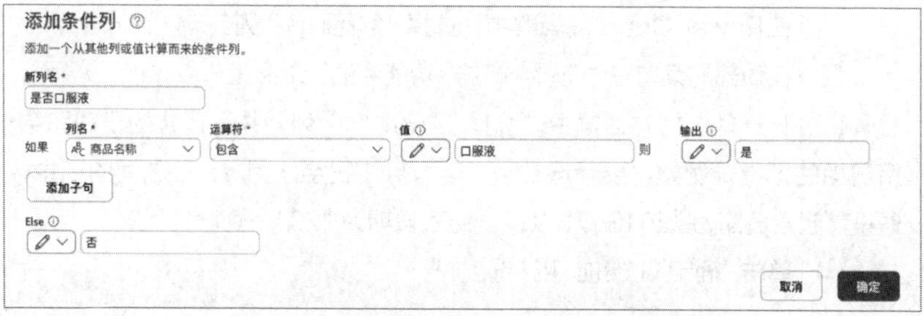

图 8.15　Power Query添加列选项

（4）关于转换表结构，也可以借助ChatGPT进行了解，编写提示词如"请将商品名称作为新的列名，将销售数量作为对应商品的值，请使用Power Query中的透视表功能将筛选出的数据转换为数据透视表"，将得到ChatGPT的回答如下。

> 要将商品名称作为新的列名，将销售数量作为对应商品的值，你可以使用Power Query编辑器中的透视表功能。请按照以下步骤进行操作。
>
> （1）在Power Query编辑器中，选择"商品名称"和"销售数量"两列。
>
> （2）在顶部的菜单栏中选择"转置"功能（选择"Transform"→"转置"）。
>
> （3）转置后，你将得到以"商品名称"作为列名，每种商品的销售数量在对应列下的行内展示。
>
> （4）可以将这个结果导出到Excel或继续对数据进行处理和分析。

其实这个操作对于我们使用的数据来说意义不大，只是了解一下如何通过"转置"进行表结构转换，实际上就是行列互换。将处理好信息的表输出为数据透视表后，会更加方便操作。

（5）关于表格查询，我们可以继续向ChatGPT进行提问，提示词可以设置为"请在表格中筛选出购药时间在某个时间范围内的购买记录"，ChatGPT的回答如下。

> 要筛选出购药时间在某个时间范围内的购买记录，你可以使用Power

Query 编辑器中的"筛选"功能。请按照以下步骤进行操作。

（1）在 Power Query 编辑器中，选择"购药时间"列。

（2）在顶部的菜单栏中选择"筛选"功能中的"介于"。

（3）在条件选择对话框中，选择"购药时间"列，并设置起始日期和结束日期的范围。例如，要筛选 2018 年 1 月 1 日至 1 月 15 日之间的记录，请设置起始日期为"2018-01-01"，结束日期为"2018-01-15"。

（4）单击"确定"按钮应用筛选。

筛选功能的选项如图 8.16 和图 8.17 所示，在列的筛选项中选择"日期筛选器"，在其子菜单中我们选择"介于"，不同数据类型的列筛选器不同，大家可以尝试去筛选不同的列自行体验。

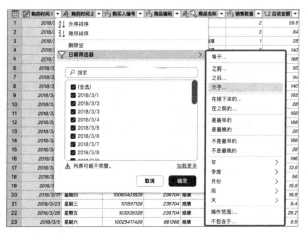

图 8.16　Power Query 筛选选项（1）

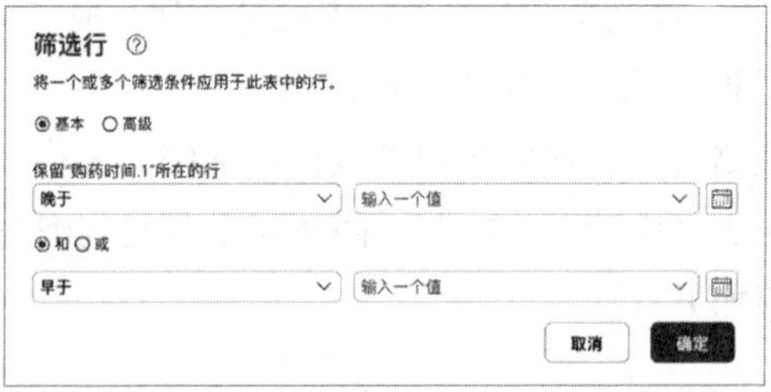

图 8.17　Power Query 筛选选项（2）

（6）多表查询涉及表格关联，我们在后面小节详细讲解。

（7）关于单列分组计算，我们可以继续向 ChatGPT 进行提问，提示词可以设置为"请在表格中按购买人编号将购买记录分组，并计算每个购买人的总销售数量和实收金额"，ChatGPT 的回答如下。

要按照购买人编号将购买记录分组，并计算每个购买人的总销售数量或实收金额，你可以使用 Power Query 编辑器中的"分组功能"。请按照以下步骤进行操作。

（1）在 Power Query 编辑器中，选择"购买人编号"和"销售数量"或"实收金额"列（或你想要计算的其他列）。

（2）在顶部的菜单栏中选择"转换"功能，再选择"分组依据"。

（3）在分组操作对话框中，选择"购买人编号"列作为分组列依据。

（4）为每个分组选择要计算的属性（如"销售数量""实收金额"）和相应的汇总操作（如求和、求平均值等）。

（5）单击"确定"按钮应用分组操作。

根据 ChatGPT 的回答，具体的操作选项填写如图 8.18 所示。

（8）多列分组计算就是按照多个列进行分组，并对每个组进行计算和聚合。可以在"主页"选项卡中单击"分组依据"，然后在弹出的"分组依据"对话框中选中"高级"单选按钮，添加一个新的分组依据，如图 8.19 所示。

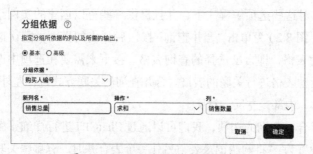

图 8.18　Power Query 分组依据选项

图 8.19　Power Query 多个分组依据选项

8.4　Power Query中的合并查询和追加查询

将Power Query中的"合并查询"和"追加查询"放在一起讲解的原因是，它们都属于数据合并和整合的操作，且操作步骤和一些概念都是相似的。虽然它们的表现形式和结果有所不同，但它们都是用于将多个查询或表格合并为一个更大的查询或表格。

1. 合并查询

先单击"合并查询"这个功能按钮，看一下它的选项有哪些，让ChatGPT对这些选项解释一下，并且提供一些可以创建的实例给我们进行练习。图 8.20 为单击"合并查询"按钮后弹出的界面，默认选择的是目前活动表格，即自己选择的查询表格。接下来需要在选项中选择需要和目前活动表格进行关联的表格。合并查询的关联方式包含左外、右外、完全外部、内部、左反、右反。

对于合并查询的选项，我们可以通过ChatGPT进行详细了解。提示词可以设置为："将购药记录表与另外一个表合并时，有哪些关联方式？请给出一些实际场景和使用不同连接类型的示例。"向ChatGPT进行问询后，得到的回答如下。

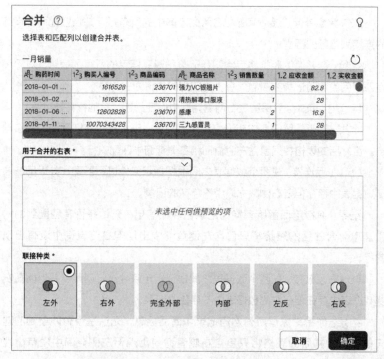

图 8.20　Power Query 合并查询选项

当你需要将上述表格与另一个表格进行合并时,可以选择不同的连接类型。以下是一些实际场景和使用不同连接类型的示例。

假设你有另一个表格,包含与商品相关的信息,如商品编码、商品名称和价格等。现在你想要将这两个表格进行合并。

(1)左外连接:保留左侧查询中的所有行,并且匹配右侧查询中与左侧查询的连接列相等的行。

结果:合并后的表格将包含购药记录的所有列信息,对于没有匹配到的商品编码,商品名称和价格等列的值将为空。

(2)右外连接:保留右侧查询中的所有行,并且匹配左侧查询中与右侧查询的连接列相等的行。

结果:合并后的表格将包含商品信息的所有列信息,对于没有匹配到的购药记录,购药时间、购买人编号和销售数量等列的值将为空。

（3）完全外部连接：保留左右两侧查询中的所有行，并且匹配两侧查询的连接列相等的行。

结果：合并后的表格将包含购药记录和商品信息的所有列信息，对于没有匹配到的购药记录或商品信息，对应列的值将为空。

（4）内部连接：只保留左右两侧查询中匹配的行，其他行将被排除。

结果：希望保留所有购药记录和商品信息，无论是否有匹配到的对应信息。合并后的表格将只包含左侧查询和右侧查询中匹配的行。

（5）左反连接：在两个数据表之间根据指定条件进行匹配，并返回在左侧数据表中存在但在右侧数据表中不存在的记录。

结果：你希望保留所有购药记录和商品信息，无论是否有匹配到的对应信息。合并后的表格将只包含左侧查询中出现但右侧查询中没有出现的行。

（6）右反连接：在两个数据表之间根据指定条件进行匹配，并返回在右侧数据表中存在但在左侧数据表中不存在的记录。

结果：你希望保留所有购药记录和商品信息，无论是否有匹配到的对应信息，合并后的表格将只包含右侧查询中出现但左侧查询中没有出现的行。

根据上面的回答我们需要再准备另一个表格，表格中包含商品相关的信息。由于我们是练习，信息并不需要正确或者有意义，所以我们"模拟"出如表 8.1 所示的数据用作练习。

表 8.1　药品相关信息（1）

商品名称	进货价格	类别	注意事项
强力 VC 银翘片	12	A	无
清热解毒口服液	13	B	有
感康	14	C	无
三九感冒灵	15	D	有
氨加黄敏胶囊	16	E	无

下面根据上述 ChatGPT 的回答，依次操作合并查询提供的选项，观察一下结果，从而加深对于每个选项的理解。先看左外连接，选择左表，选择一月销量数据，连接表选择药品相关信息的数据。这里要选中两个表中映射的列，我们选择商品名称，结果如图 8.21 所示。我们发现左表的信息是齐全的，右表中的商品名称没有和左表匹配上的信息，比如类别，都显示为空。

	购药时间	购买人编码	商品编码	商品名称	销售数量	1.2 应收金额	1.2 实收金额	进货价格	类别
1	2018-01-01 ...	1616528	236701	强力VC银翘片	6	82.8	69	12	A
2	2018-01-02 ...	1616528	236701	清热解毒口服液	1	28	24.64	13	B
3	2018-01-06 ...	12602828	236701	感康	2	16.8	15	14	C
4	2018-01-11 ...	10070343428	236701	三九感冒灵	1	28	28	15	D
5	2018-01-15 ...	101554328	236701	三九感冒灵	8	224	208	15	D
6	2018-01-20 ...	13389528	236701	三九感冒灵	1	28	28	15	D
7	2018-01-31 ...	101464928	236701	三九感冒灵	2	56	56	15	D
8	2018-01-06 ...	10031402228	236703	清热解毒口服液	1	28	28	13	B
9	2018-01-13 ...	10082285428	236703	清热解毒口服液	1	28	28	13	B
10	2018-01-15 ...	10052671228	236703	清热解毒口服液	1	28	28	13	B
11	2018-01-17 ...	13358228	236703	清热解毒口服液	1	28	28	13	B
12	2018-01-22 ...	11487628	236704	感康	3	25.2	22.5	14	C
13	2018-01-20 ...	10013340328	236704	三九感冒灵	3	84	73.92	15	D
14	2018-01-27 ...	11487628	236704	感康	3	25.2	22.5	14	C
15	2018-01-05 ...	10015686128	861368	氨加黄敏胶囊	1	12.4	10.91	16	E
16	2018-01-05 ...	10025417428	861368	氨加黄敏胶囊	1	12.4	11	16	E
17	2018-01-07 ...	10052626528	861368	氨加黄敏胶囊	3	37.2	33	16	E
18	2018-01-07 ...	10790728	861368	感康	3	25.5	22.5	14	C
19	2018-01-07 ...	10074734128	861375	醒脑降压丸	2	36.6	33	null	null
20	2018-01-03 ...	103046228	236705	感康	3	25.2	22.5	14	C
21	2018-01-13 ...	10070385028	236705	感康	2	16.8	14.78	14	C
22	2018-01-31 ...	10079909728	236705	感康	3	25.2	22.5	14	C
23	2018-01-07 ...	10030912928	861396	马来酸依那普...	3	30	27	null	null
24	2018-01-28 ...	13036328	861396	马来酸依那普...	2	20	18	null	null
25	2018-01-02 ...	10039299528	861397	氨加黄敏胶囊(...	2	35	31	null	null
26	2018-01-19 ...	10048367928	861397	氨加黄敏胶囊(...	1	17.5	15.5	null	null
27	2018-01-25 ...	1616528	861397	氨加黄敏胶囊(...	1	17.5	17.5	null	null

图 8.21　左外连接后的部分数据结果

右外连接中，左右表的选择和商品名称的选择不变，结果如图 8.22 所示。可以看到全部的数据只有 27 行，在右表中找不到对应信息的（即为空的信息）全部都不保留。

完全外部连接在这个例子里（依旧用销量信息作为左表，药品相关信息作为右表）其实不明显，因为连接的结果和左外连接的结果一致。但是如果药品相关信息表中包含了销量表中不存在的商品名称，效果就会比较明显，于是我们重新构造一个药品相关信息表，如表 8.2 所示。

购药时间	购买人编号	商品编码	商品名称	销售数量	应收金额	实收金额	进货价格	类别
1	2018-01-01 ...	1616528	236701	强力VC银翘片	6	82.8	69	12	A
2	2018-01-02 ...	1616528	236701	清热解毒口服液	1	28	24.64	13	B
3	2018-01-06 ...	12602828	236701	感康	2	16.8	15	14	C
4	2018-01-11 ...	10070343428	236701	三九感冒灵	1	28	28	15	D
5	2018-01-15 ...	101554328	236701	三九感冒灵	8	224	208	15	D
6	2018-01-20 ...	13389528	236701	三九感冒灵	1	28	28	15	D
7	2018-01-31 ...	10464928	236701	三九感冒灵	2	56	56	15	D
8	2018-01-13 ...	10031402228	236703	清热解毒口服液	1	28	28	13	B
9	2018-01-13 ...	10082285428	236703	清热解毒口服液	1	28	28	13	B
10	2018-01-15 ...	10052671228	236703	清热解毒口服液	1	28	28	13	B
11	2018-01-17 ...	13358228	236703	清热解毒口服液	1	28	28	13	B
12	2018-01-17 ...	11487628	236704	感康	3	25.2	22.5	14	C
13	2018-01-20 ...	10013340328	236704	三九感冒灵	3	84	73.92	15	D
14	2018-01-27 ...	11487628	236704	感康	3	25.2	22.5	14	C
15	2018-01-05 ...	10015686128	861368	氨加黄敏胶囊	1	12.4	10.91	16	E
16	2018-01-05 ...	10025417428	861368	氨加黄敏胶囊	1	12.4	11	16	E
17	2018-01-07 ...	10052626528	861368	氨加黄敏胶囊	3	37.2	33	16	E
18	2018-01-07 ...	10790728	861368	感康	3	25.5	22.5	14	C
19	2018-01-03 ...	103046228	236705	感康	3	25.2	22.5	14	C
20	2018-01-13 ...	10070385028	236705	感康	2	16.8	14.78	14	C
21	2018-01-31 ...	1007990728	236705	感康	3	25.2	22.5	14	C
22	2018-01-15 ...	10039365628	872293	感康	1	22.8	20.06	14	C
23	2018-01-20 ...	104022028	872293	感康	2	45.6	39.6	14	C
24	2018-01-15 ...	10010725828	872293	感康	5	114	100.32	14	C
25	2018-01-15 ...	11668828	236701	清热解毒口服液	2	56	56	13	B
26	2018-01-19 ...	10712328	236701	清热解毒口服液	1	28	28	13	B
27	2018-01-21 ...	104878628	236701	清热解毒口服液	2	56	56	13	B

图 8.22　右外连接后的全部数据结果

表 8.2　药品相关信息（2）

商品名称	进货价格	类别	注意事项
强力 VC 银翘片	12	A	无
清热解毒口服液	13	B	有
感康	14	C	无
三九感冒灵	15	D	有
氨加黄敏胶囊	16	E	无
布洛芬	17	F	有

仍然将销量信息作为左表，将表 8.2 作为右表，其他选择不变，连接方式选择完全外部连接后，发现比之前的左外连接多出来了一行内容，如图 8.23 所示。

购药时间	购买人编号	商品编码	商品名称	销售数量	应收金额	实收金额	进货价格	类别
null	null	null	null	null	null	null	17	F

图 8.23　完全外部连接后比左外连接多出来的数据

我们发现多出来的数据就是左边的表没有匹配上的右表的信息，即表 8.2 中新加的 "布洛芬" 的药品信息。对应 ChatGPT 回答中的解释，即没有匹配上的列信息均用 null 表示，但是选择左外连接的话会对左表匹配不到的信息直接忽略。大家可以再切换左右表的顺序去感受一下差别。

下面仍然用表 8.2 的信息去实现内部连接，由于内部连接只保留左右两侧查询中匹配的行，所以结果和上面的右外连接后的数据结果是完全一致的。

仍然保持左右表顺序和连接的列，这里选择左反连接，结果如图 8.24 所示。我们发现右表中的进货价格和类别均为 null，这是因为左反连接返回的是在左侧数据表中存在但在右侧数据表中不存在的记录。

	AB₂ 购药时间 ▾	1²₃ 购买人编号 ▾	1²₃ 商品编码 ▾	AB₂ 商品名称 ▾	1²₃ 销售数量 ▾	1.2 应收金额 ▾	1.2 实收金额 ▾	1²₃ 进货价格 ▾	AB₂ 类别 ▾
1	2018-01-07 ...	10074734128	861375	醒脑降压丸	2	36.6	33	null	null
2	2018-01-07 ...	10030912928	861396	马来酸依那普...	3	30	27	null	null
3	2018-01-24 ...	13036328	861396	马来酸依那普...	2	20	18	null	null
4	2018-01-02 ...	10039299528	861397	氢加黄敏胶囊(...	2	35	31	null	null
5	2018-01-19 ...	10048367928	861397	氢加黄敏胶囊(...	1	17.5	15.5	null	null
6	2018-01-25 ...	1616528	861397	氢加黄敏胶囊(...	1	17.5	17.5	null	null
7	2018-01-31 ...	10044309728	861397	氢加黄敏胶囊(...	1	17.5	15.5	null	null
8	2018-01-31 ...	10048367928	861397	氢加黄敏胶囊(...	1	17.5	15.5	null	null
9	2018-01-03 ...	10024005728	236706	阿司匹林	1	46.8	42	null	null
10	2018-01-24 ...	10045839528	236706	阿司匹林	2	93.6	84	null	null
11	2018-01-24 ...	10024724728	236706	阿司匹林	1	46.8	42	null	null
12	2018-01-28 ...	10025412028	236706	阿司匹林	3	140.4	126	null	null
13	2018-01-31 ...	1616528	236706	阿司匹林	2	93.6	84	null	null
14	2018-01-09 ...	10028146028	236708	双氢克尿塞	1	22	22	null	null
15	2018-01-19 ...	10013234928	236708	双氢克尿塞	1	22	22	null	null
16	2018-01-27 ...	108625528	236708	双氢克尿塞	1	22	22	null	null
17	2018-01-28 ...	10013234928	236708	双氢克尿塞	1	22	22	null	null
18	2018-01-29 ...	10579728	236708	双氢克尿塞	3	66	66	null	null
19	2018-01-01 ...	101470528	236709	心痛定	4	179.2	159.2	null	null
20	2018-01-03 ...	10046713328	236709	心痛定	1	44.8	39.8	null	null
21	2018-01-04 ...	100420628	236709	心痛定	1	44.8	39.8	null	null
22	2018-01-10 ...	10019168528	236709	心痛定	2	89.6	79.6	null	null
23	2018-01-13 ...	1616528	236709	心痛定	1	44.8	39.8	null	null
24	2018-01-17 ...	10019168528	236709	心痛定	1	44.8	39.8	null	null
25	2018-01-31 ...	10019168528	236709	心痛定	2	89.6	79.6	null	null
26	2018-01-31 ...	1616528	236709	心痛定	-1	-44.8	-39.8	null	null
27	2018-01-04 ...	101433928	2367010	高特灵	3	16.8	15.6	null	null
28	2018-01-05 ...	108221228	2367010	高特灵	2	11.2	9.86	null	null

图 8.24　左反连接后的部分数据结果

最后我们来实现一下右反连接，结果如图 8.25 所示，保留的只有一行左表匹配不到右表中的信息。

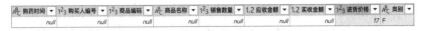

_AB_C 购药时间 ▼	1²₃ 购买人编号 ▼	1²₃ 商品编码 ▼	_AB_C 商品名称 ▼	1²₃ 销售数量 ▼	1.2 应收金额 ▼	1.2 实收金额 ▼	1²₃ 进货价格 ▼	_AB_C 类别 ▼
null	null	null	null	null	null	null	17	F

图 8.25　右反连接后的全部数据结果

2. 追加查询

追加查询非常适用于需要将多个相似结构的数据表进行垂直拼接的情况。例如，有多个月份的销售数据表格，每个表格的结构相同，都包含相同的列，可以使用追加查询将这些表格合并成一个包含所有月份数据的大表格。追加查询的操作很简单，在"主页"选项卡中单击"追加查询"按钮，将会弹出如图 8.26 所示的对话框，在其中选择要追加的表，单击"确定"按钮即可。

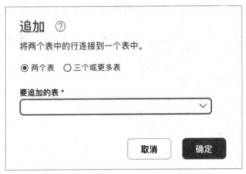

图 8.26　选择追加查询的弹出界面

原来的数据就有一月、二月、三月的药品销量表格，所以现在利用追加查询把它们全部连接在一起即可。如果多个数据表的结构均不相同，会出现什么情况呢？我们可以直接向 ChatGPT 进行提问，得到的回答如下。

如果多个数据表的结构不相同，使用追加查询可能会遇到一些问题和限制。

（1）列不匹配：如果多个数据表的列不匹配，追加查询可能无法进行，或会导致结果表格的列结构混乱。Power Query 需要将数据表的列进行对应，如果列名、顺序或数据类型不匹配，可能会导致冲突或错误。

（2）缺失列：如果某些数据表缺少其他表中的列，那么在追加查询时，缺失列可能会被自动添加到结果表格中。这可能导致结果表格的结构混乱，并且需要进一步处理和清理。

（3）数据类型不匹配：如果数据表中的列的数据类型不匹配，Power Query 可能会尝试通过自动转换来处理，但这可能会导致数据丢失或错误。在这种情况下，你可能需要手动进行数据类型的调整和转换。

因此，多个数据表在结构不相同的情况下，使用追加查询需要谨慎处理。你可能需要通过一些预处理步骤，如重命名列、重新排序列、调整数据类型等，以确保最终的追加结果符合你的需求，避免出现数据损失或不一致的情况。

根据ChatGPT的回答可知，需要先对数据表进行处理，将数据进行预处理之后，再将其加载到Excel中继续进行分析即可。

8.5　ChatGPT教你M语言及应用

M 语言是 Power Query 的脚本语言。本节将介绍如何在Power Query中使用M语言，并且借助ChatGPT，让我们轻松了解M语言的基础知识，比如运算规则和语法结构。在后续的实践部分也借助ChatGPT，让它帮助我们生成代码案例。

8.5.1　M语言基础知识

之前我们接触过M语言，在图 8.7 中的公式输入框中输入的就是M语言。所以我们可以直接在公式输入框中进行M语言的编写和调用。

在 Power Query 编辑器中，可以通过以下操作调用 M 语言的函数公式。

（1）添加自定义列：在Power Query 编辑器中，单击顶部菜单栏的"添加列"，然后选择"自定义列"。在"自定义列"对话框中，可以输入 M 语言的函数公式来定义自定义列的计算逻辑。

（2）转换数据类型：在 Power Query 编辑器中，单击顶部菜单栏的"转换数据类型"。在弹出的"数据类型转换"对话框中，可以选择要应用的数据类型，并在右侧的"自定义列设置"窗格中，编写 M 语言的函数公式来定义自定义列的计算逻辑。

（3）调用内置函数：在 Power Query 编辑器中，可以调用各种内置函数来进行数据处理和转换。在"添加列"、"转换数据类型"、"分组"、"过滤行"和"排序"等操作中，可以使用内置函数作为参数来进行更复杂的计算。

（4）使用高级编辑器：在 Power Query 编辑器中，可以使用"高级编辑器"来直接编辑 M 语言代码。在"高级编辑器"中，可以调用任何 M 语言函数来进行数据处理和转换。

上面是关于 M 语言函数的调用方法，但学习 M 语言，需要先学习基础知识。对于 M 语言基础知识的学习，我们可以借助 ChatGPT，以加深理解。

🔲 提问思路

关于 M 语言的语法的学习，我们可以参考第 7 章中 VBA 语言的学习。学习内容包括：数据类型和变量定义；运算符；控制结构；函数定义；代码的基本结构。关于 M 语言的数据类型和变量定义，我们仍然按照之前的涉及范围，让 ChatGPT 回答包含但不仅限于数据类型的概念和分类、类型转换和强制类型转换、变量的命名规范、变量的定义、变量的作用域和生命周期等关于数据类型和变量定义的知识。

🗔 问： 你现在是 M 语言编程专家，请给我列一份关于 M 语言中数据类型和变量的学习文档，需要包含但是不限于【上述内容分类】。

---

⑤ ChatGPT 回答：

在 Power Query 中的 M 语言中，有多种数据类型可用于数据处理和转换。以下是一些常见的数据类型及变量定义的介绍。

（1）数据类型的概念和分类。

文本（Text）：用于表示字符串或文本数据。

数值（Number）：用于表示数值数据，包括整数和浮点数。

逻辑（Logical）：用于表示布尔值，即 True 或 False。

列（List）：用于表示一列数据，可以包含不同类型的值。

记录（Record）：用于表示一组相关的字段和值，类似于对象。

表格（Table）：用于表示具有相同结构的数据表格。

（2）类型转换和强制类型转换。

M 语言允许进行类型转换，将一个数据类型转换为另一个数据类型。常用的类型转换函数有 Text.From、Number.From、Logical.From 等。

强制类型转换是指将一个数据类型强制转换为另一个数据类型，无视数据类型之间的兼容性。可使用 as 操作符进行强制类型转换。

（3）变量的命名规范。

变量名称在 M 语言中遵循一定的命名规范。

变量名称必须以字母或下划线开头，后续可以包含字母、数字或下划线。

变量名称不区分大小写，但习惯上使用驼峰命名法或下划线拼写法进行命名。

（4）变量定义。

变量用于存储数据或中间结果，并可以在 M 语言中进行引用和操作。变量的定义形式为 variableName = expression，其中 variableName 是变量名称，expression 是赋值给变量的表达式。变量的数据类型可以是任意合法的数据类型，根据变量赋值的表达式自动进行推断。

例如，以下是使用 M 语言定义变量的示例：

```
let
    customerName = "John",
    age = 30,
    isActive = true,
    salesData = [2019, 2020, 2021],
    customerRecord = [Name = customerName, Age = age,
IsActive = isActive],
```

```
        customerTable = Table.FromRecords({customerRecord})
in
        customerTable
```

在上述示例中，定义了不同类型的变量，包括 customerName（文本类型）、age（数值类型）、isActive（逻辑类型）、salesData（列类型）、customerRecord（记录类型）和 customerTable（表格类型）。

（5）变量的作用域和生命周期。

变量的作用域是指变量在代码中可见的范围。

在M语言中，通常使用let...in语句定义变量的作用域。在let子句中声明的变量只在let...in语句块内部可用。

变量的生命周期是指变量存在的时间范围。在M语言中，变量的生命周期与其所处的作用域相关，当超出变量的作用域时，变量将被销毁。

如果对上述回答中的哪个知识点有疑问，或者需要举例辅助理解，都可以直接把需求输入给ChatGPT。关于运算符，ChatGPT的相关回答如下。

以下是一些常见的运算符及它们的介绍。

（1）算术运算符。

加法 +：用于执行数字相加或连接文本。

减法 -：用于执行数字相减。

乘法 *：用于执行数字相乘。

除法 /：用于执行数字相除。

取余 %：用于取得两个数字相除后的余数。

（2）关系运算符。

相等 =：用于检查两个值是否相等。

不等 <>：用于检查两个值是否不相等。

大于 >：用于检查一个值是否大于另一个值。

小于 <：用于检查一个值是否小于另一个值。

大于等于 >=：用于检查一个值是否大于等于另一个值。

小于等于 <=：用于检查一个值是否小于等于另一个值。

（3）逻辑运算符。

与 and：用于在逻辑表达式中执行逻辑与操作。

或 or：用于在逻辑表达式中执行逻辑或操作。

非 not：用于取逻辑值的反义。

（4）字符串运算符。

连接 &：用于连接文本字符串。

文本相等符 ==：用于检查文本字符串是否相等。

（5）其他运算符。

成员 in：用于检查一个值是否存在于一个列表或表格中。

范围 ..：用于创建一个数值范围。

在 Power Query 中的 M 语言中，我们需要学习一些常见的控制结构。对于控制结构的学习，我们也可以借助 ChatGPT，提示词可以为："请列出 Power Query 的 M 语言中常见的控制结构。" ChatGPT 关于控制结构的回答如下。

在 Power Query 中的 M 语言中，有以下几种常见的控制结构可用于进行条件判断和循环操作。

（1）if...then...else。

if...then...else 结构可以根据给定的条件执行不同的操作。

语法：if condition then expression1 else expression2

如果 condition 为真，则执行 expression1，否则执行 expression2。

（2）let...in。

let...in 结构用于定义变量和局部作用域。

语法：let variable = expression1 [, variable = expression2, ...] in expression

在 let 子句内定义的变量只在 in 子句内部可见。

（3）each。

each 关键字用于对列表或表格中的每个元素执行相同的操作。

语法: each expression

可以在 each 关键字后面使用表达式来处理每个元素。

（4）for...in...。

for...in... 结构用于迭代一个范围或列表，并对每个元素执行相同的操作。

语法：

for variable = start to end［ step stepValue ］

　　expression

next variable

variable 表示迭代变量的名称，start 和 end 分别表示迭代范围的起始值和结束值，step 表示迭代的步长，expression 表示在每次迭代中执行的操作。

（5）while。

while 结构用于在给定的条件为真时重复执行操作，直到条件为假为止。

语法：

while condition

　　expression

condition 是一个逻辑表达式，表示循环的条件，expression 表示每次循环时执行的操作。

关于函数的定义和举例，同样可以借助 ChatGPT，下面是 ChatGPT 的回答。

在 Power Query 中，你可以定义自己的函数来执行特定的操作，以便在数据处理过程中重复使用。以下是一些常见的函数定义方法。

（1）基本函数定义。

使用 let 关键字和 in 关键字来定义函数。

语法：let functionName = (parameters) => expression in functionName

在函数体中，可以使用表达式来定义函数的逻辑。

（2）匿名函数定义。

匿名函数是一种不使用函数名的函数定义方式。

通常在其他函数中作为参数传递或在其他表达式中使用。

语法：(parameters) => expression

（3）嵌套函数定义。

可以在一个函数中定义另一个函数，这被称为嵌套函数。

内部函数只在外部函数体内可见。

语法：

```
let outerFunction = (parameters) =>
    let innerFunction = (parameters) =>
        expression
    in innerFunction
in outerFunction
```

（4）变参函数定义。

变参函数接受可变数量的参数。

使用 ... 标记表示参数数量可能变化。

语法：let functionName = (param1, param2, ...optionalParams) => expression in functionName

（5）部分应用函数定义。

部分应用是指在调用函数时只提供部分参数。

语法：let partialFunc = functionName(arg1)

　　我们在询问函数定义的时候，ChatGPT 理解为我们需要用户自定义函数的书写规则。但在实际使用的时候，我们经常会直接调用 M 语言提供的内置函数，所以我们也可以让 ChatGPT 整理常用的内置函数。这里就不赘述了，下面直接来看代码的基本结构。

　　🖐 提问思路

　　我们想要知道的不仅仅是基础的结构，更想知道的是这些结构之间的关系，以及如何组成一段完整的可执行代码。

问：你现在是M语言编程专家，请介绍一下M语言中代码的基本结构，并且列举一下结构之间的关系。

ChatGPT回答：

在 Power Query 中，M 语言的代码由一系列的步骤组成。每个步骤定义一个操作，如数据导入、转换、筛选等。这些步骤通过管道的方式按顺序连接起来，形成一段完整的代码。

以下是 M 语言代码的基本结构，以及基本结构之间的互相作用的示例。

（1）步骤。

每个步骤都有一个名称和一个表达式或函数，用于执行某种操作。步骤的结果可以是表、列表、记录等数据结构。步骤的名称可以是任意有效的标识符。

示例：

```
Source = Excel.Workbook(File.Contents("data.xlsx"), true),
Table1 = Source{[Item="Sheet1",Kind="Table"]}[Data],
FilteredTable = Table.SelectRows(Table1, each [Column1] > 2),
Result = FilteredTable
```

上述示例中，每个步骤都有一个名称（如 Source、Table1、FilteredTable、Result）和一个表达式，通过执行相应的操作获取结果。每个步骤的结果可以在后续的步骤中使用。

（2）管道。

步骤通过连续的赋值操作串联在一起，形成一个管道。每个步骤的结果都是下一个步骤的输入。管道中的步骤按顺序执行，形成一个数据处理流程。

（3）查询。

查询由一系列的步骤组成，定义了数据转换的流程。查询通过 let 关键字定义，包括查询名称和查询内容。查询可以引用之前的步骤或其他查询的结果，以获取所需的数据转换。

示例：

```
let
```

```
    Source = Excel.Workbook(File.Contents("data.xlsx"), true),
    Table1 = Source{[Item="Sheet1",Kind="Table"]}[Data],
    FilteredTable = Table.SelectRows(Table1, each [Column1] > 2),
    Result = FilteredTable
in
    Result
```

上述示例中，通过 let 关键字定义了一个查询，包括查询名称和查询内容。查询的内容是一系列的步骤，通过管道连接在一起。最后，在查询定义的末尾返回结果（变量 Result 的值）。

8.5.2　M语言操作实践

这一部分我们将之前的常用操作在M语言中复现一遍，我们依然借助ChatGPT先将"购药时间"列拆分为"日期"和"星期"两列。在向ChatGPT提问时，需要将现有表查询的结构和信息复制给ChatGPT，并且让它按照我们的要求进行回答。ChatGPT给出的回答如下。

在 Power Query 中，可以使用M语言的表达式来拆分"购药时间"列为"日期"和"星期"两列。首先，你需要创建一个新的查询，然后将以下代码复制并粘贴到查询的代码编辑器中：

```
let
    Source = YourDataSource,  // 将 YourDataSource 替换为你
                              // 的数据源
    SplitDates = Table.SplitColumn(Source, "购药时间", Splitter.
            SplitTextByDelimiter("", QuoteStyle.None), {"日
            期","星期"}),
    ChangedTypes = Table.TransformColumnTypes(SplitDates,
            {{"日期", type date}})
in
    ChangedTypes
```

请确保将 YourDataSource 替换为你实际的数据源名称（如数据表名或文件名）。在上述代码中，首先使用 Table.SplitColumn 函数将"购药时间"列按空格拆分为两列（"日期"和"星期"），指定拆分结果保存到一个新表中。

然后，使用Table.TransformColumnTypes 函数将"日期"列的数据类型转换为日期类型。最后，通过 in 关键字返回最终结果。

注意：由于 Power Query 会根据数据类型自动推断列的数据类型，上述代码中的 Table.TransformColumnTypes 只是一个示例，如果"购药时间"列的数据类型已经正确识别为日期类型，你可以不使用该步骤。

我们先来打开高级编辑器，查看目前的代码信息，如图 8.27 所示。根据之前学习的M语言基础知识可知，先从指定路径的 Excel 文件中读取数据，并将读取的内容存储在名为"源"的变量中。File.Contents 函数用于读取文件内容，Excel.Workbook 函数用于解析 Excel 工作簿。再从"源"中选取工作表 Sheet1 的数据。"#"是一个引用符号，"导航 1"是一个查询步骤的名称，可以根据需要进行修改。Table.PromoteHeaders 函数用于提升表头。Table.TransformColumnTypes 函数接受一个表和一个包含列名与数据类型的列表作为参数，用于指定要修改的列和相应的数据类型。最后的"zh-Hans"参数表示数据类型为中文格式。

图 8.27　高级编辑器中的代码

之前的操作需要保留，不然直接使用回答中的代码会造成之前的步骤全部被删除。我们希望在原有代码步骤的基础上继续将"购药时间"列拆分为"日期"和"星期"两列，所以将向 ChatGPT 进行提问的需求换一下，可得到下面的回答。

你可以在已有的代码基础上进行续写，实现将"购药时间"列拆分为"日期"和"星期"两列。以下是续写后的代码：

```
let
    源 = Excel.Workbook(File.Contents("/XXXXX.xlsx"), null, true),
    #"导航 1"= 源{[Item = "Sheet1", Kind = "Sheet"]}[Data],
    已提升标题 = Table.PromoteHeaders(#"导航 1", [Promote
            AllScalars = true]),
    已更改列类型 = Table.TransformColumnTypes(已提升标题,
            {{"购药时间", type text}, {"购买人编号", Int64..
            Type}, {"商品编码", Int64.Type}, {"商品名称",
            type text}, {"销售数量", Int64.Type}, {"应收金额",
            type number}, {"实收金额", type number}}, "zh-
            Hans"),
    拆分日期 = Table.SplitColumn(已更改列类型, "购药时间",
            Splitter.SplitTextByDelimiter(" ", QuoteStyle.
            None), {"日期", "星期"}),
    修改数据类型 = Table.TransformColumnTypes(拆分日期,
            {{" 日期", type date}}),
    最终结果 = 修改数据类型
in
    最终结果
```

在上述代码中，我添加了两行新的代码来实现拆分"购药时间"列为"日期"和"星期"两列，并对"日期"列的数据类型进行转换。

拆分日期 = Table.SplitColumn(已更改列类型, "购药时间", Splitter. SplitTextByDelimiter(" ", QuoteStyle.None), {"日期", "星期"})：

这一行代码使用Table.SplitColumn 函数将"购药时间"列按照空格拆分为两列（"日期"和"星期"），并在新表中保存拆分后的结果。

修改数据类型 = Table.TransformColumnTypes(拆分日期, {{"日期", type date}})：

这一行代码使用Table.TransformColumnTypes 函数将拆分后的"日

期”列的数据类型转换为日期类型。

我们将上述代码复制进编辑器中，需要注意的是，标点符号需要保持英文格式。最终结果如图 8.28 所示。可以看到右侧的查询设置中已经出现了上面代码中的“拆分日期”、“修改数据类型”和“最终结果”的步骤。并且查询数据表中已经将原先的日期做了分列处理。

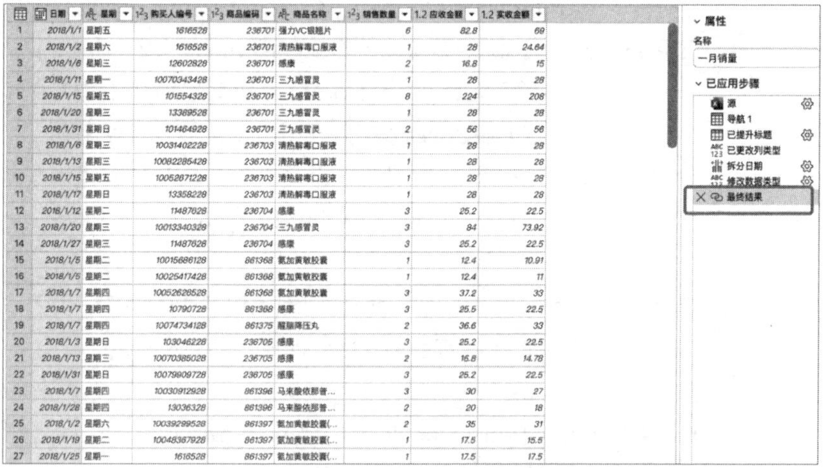

	日期	星期	购买人编号	商品编码	商品名称	销售数量	应收金额	实收金额
1	2018/1/1	星期五	1616528	236701	强力VC银翘片	6	82.8	69
2	2018/1/2	星期六	1616528	236701	清热解毒口服液	1	28	24.64
3	2018/1/6	星期三	12602828	236701	感康	2	16.8	15
4	2018/1/11	星期一	10070343428	236701	三九感冒灵	1	28	28
5	2018/1/15	星期五	101554328	236701	三九感冒灵	8	224	208
6	2018/1/20	星期三	13389528	236701	三九感冒灵	1	28	28
7	2018/1/31	星期日	101464928	236701	三九感冒灵	2	56	56
8	2018/1/6	星期三	10031402228	236703	清热解毒口服液	1	28	28
9	2018/1/13	星期三	10082285428	236703	清热解毒口服液	1	28	28
10	2018/1/15	星期五	10052671228	236703	清热解毒口服液	1	28	28
11	2018/1/17	星期日	13358228	236703	清热解毒口服液	1	28	28
12	2018/1/12	星期二	11487628	236704	感康	3	25.2	22.5
13	2018/1/20	星期三	10013340328	236704	三九感冒灵	3	84	73.92
14	2018/1/27	星期三	11487628	236704	感康	3	25.2	22.5
15	2018/1/5	星期二	10015686128	861368	氨加黄敏胶囊	1	12.4	10.91
16	2018/1/5	星期二	10025417428	861368	氨加黄敏胶囊	1	12.4	11
17	2018/1/7	星期四	10052626528	861368	氨加黄敏胶囊	3	37.2	33
18	2018/1/7	星期四	10790728	861368	感康	3	25.5	22.5
19	2018/1/7	星期四	10074734128	861375	醒脑降压丸	2	36.6	33
20	2018/1/3	星期日	103046228	236705	感康	3	25.2	22.5
21	2018/1/13	星期三	10070385028	236705	感康	2	16.8	14.78
22	2018/1/31	星期日	10079909728	236705	感康	3	25.2	22.5
23	2018/1/7	星期四	10030912928	861396	马来酸依那普...	3	30	27
24	2018/1/28	星期四	13036328	861396	马来酸依那普...	2	20	18
25	2018/1/2	星期六	10039299528	861397	氨加黄敏胶囊(...	2	35	31
26	2018/1/19	星期二	10048367928	861397	氨加黄敏胶囊(...	1	17.5	15.5
27	2018/1/25	星期一	1616528	861397	氨加黄敏胶囊(...	1	17.5	17.5

图 8.28　高级编辑器中代码执行后的结果

上述例子演示了怎么通过ChatGPT去得到我们想要的操作及对应的M语言代码，后续的操作可参考上面的例子进行，这里就不再赘述了。大家可以自行操作一遍，或者尝试写一段代码，如果运行不通出错的话，可以查看报错信息，然后将报错信息和自己写的代码交给ChatGPT进行找错修改。

8.6 小结

本章介绍了Excel中一个非常强大的功能Power Query，并借助ChatGPT对它的主要功能进行拆分，并根据这些拆分的功能制定学习内容。

在对功能的学习中，我们又把大块的复杂的知识点进行拆分，尽量保持分步学习的节奏。

有些时候，对于ChatGPT给出的答案，我们是需要质疑的，最好的做法就是将ChatGPT给出的答案结合Excel中的实际操作来验证。在学习不同知识点的时候，需要灵活运用不同的提问技巧。在向ChatGPT进行提问时还要注意措辞，尽量减少由于表述误差和理解误差而导致的回答不准确，以免误导我们的学习。

第9章

利用 ChatGPT 学习 Excel 中的数据分析库

第 4 章我们学习了如何利用 ChatGPT 在 Excel 中完成一份分析报告的制作，使用到了一些数据分析的方法和手段，但这只能应对一些简单的分析建模。如果我们的数据量较大，且分析的内容较为抽象，要使用更复杂的统计或工程分析方法时，之前学习的内容就显得不够用了。所以本章我们来学习 Excel 中的数据分析库，此工具将使用适当的统计或工程宏函数来计算并将结果显示在输出表格中。

9.1 数据分析库的调用和统计学基础知识

关于加载调用的方法，我们可以借助 ChatGPT 进行了解，向 ChatGPT 询问的方式很常规，就是限制系统版本，说清楚需求即可。向 ChatGPT 提问的提示词可以设置为："在 Mac 版本的 Excel 2016 中，如何加载数据分析库的调用？"得到的回答如下：

在 Mac 版本的 Excel 2016 中，你可以按照以下步骤调用数据分析工具库。

（1）打开 Excel 2016 并打开想要使用数据分析库的工作簿。

（2）在菜单栏中选择"工具"命令。

（3）在"工具"菜单下拉菜单中，选择"加载项"命令。

（4）在弹出的加载项对话框中，单击"Excel加载项"标签页。

（5）在右侧的列表中，找到并选择"分析工具"。

（6）单击"确定"按钮关闭对话框。

按照上述回答中的步骤操作完后，选择"分析工具"弹出的界面如图 9.1 所示。

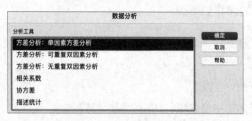

图 9.1 调用分析工具弹出界面

调用分析工具之后，在弹出的界面中可以看到有非常多的分析工具，在使用这些分析工具之前，我们需要先补充一些基础的统计学相关知识，才能更好地理解这些工具。由于本次学习是针对 Excel 中所提供的分析工具包而展开的，且工具包中包含的方法非常全面，所以为了更有重点地进行学习，我们可以参考如下提问步骤。

提问思路

我们直接让 ChatGPT 根据工具包中提供的所有方法，按照一定的分类依据把相关的统计学知识整理好，这样会更有效率。

问: 你现在是一个资深 Excel 工程师，且精通统计学知识，请帮我把下面的知识点【复制工具包中提供的方法】根据所涉及的统计方法或技术进行分类。

ChatGPT 回答:

根据所涉及的统计方法或技术，我们可以将上述知识点进行如下分类。

（1）描述统计学概念。

（2）方差分析。

（3）变量之间的关系。

（4）时间序列分析。

（5）统计推断。

（6）回归分析。

接下来再让 ChatGPT 按照上面的分类帮我们制定一个学习顺序和学习路线，得到的回答如下。

基于您提供的统计学知识分类，下面是对初学者的学习顺序和学习路线的建议。

（1）描述统计学概念。

学习平均数、中位数和众数的概念和计算方法。

掌握标准差、方差和离散系数的计算和解释。

了解频率分布和直方图的绘制方法。

（2）变量之间的关系。

学习相关性和协方差的概念。

理解散点图和相关系数的计算和解释。

（3）统计推断。

学习抽样和样本统计量的概念。

掌握参数估计方法，如点估计和区间估计。

了解统计显著性检验的基本原理和假设检验的步骤。

（4）方差分析。

了解方差分析的基本概念和应用场景。

学习单因素方差分析的原理、计算和解释结果的方法。

了解多因素方差分析的基本原理和概念。

（5）时间序列分析。

掌握时间序列数据的基本特点和应用领域。

学习指数平滑、移动平均和傅里叶分析的方法，理解这些不同的趋势分析和预测方法。

（6）回归分析。

了解回归分析的基本概念和应用场景。

掌握简单线性回归和多元线性回归的计算方法。

学习如何解释回归模型的结果和进行模型诊断。

　　根据 ChatGPT 的回答，我们首先学习统计学中的一些概念和计算方法，如平均数、中位数、众数、标准差、方差和离散系数的概念和计算方法。在向 ChatGPT 提问时，先列出这几个概念，再请求 ChatGPT 给出概念和计算方法，将会得到如下回答：

（1）平均数。

平均数是一组数据值的总和除以数据个数。它代表了数据集的中心趋势。

计算方法：将所有数据值相加，然后用总和除以数据个数。

（2）中位数。

中位数是指将一组数据按照大小排列后，处于中间位置的数值。它能够反映数据的中心位置。

计算方法：将数据按照大小排列，若数据个数为奇数，中位数是位于中间位置的数值；若数据个数为偶数，中位数是中间两个数值的平均值。

（3）众数。

众数是一组数据中出现次数最频繁的数值。它用于描述数据集的集中趋势。

计算方法：统计出现频次最高的数值，可能存在多个众数，称为多峰分布。

（4）标准差。

标准差是衡量数据集中数据离散程度的一种统计指标。标准差越大，数据越分散。

计算方法：先计算每个数据值与平均数之差的平方，然后将所有差值的平方相加，并除以数据个数，最后计算平方根。

（5）方差。

方差是衡量数据集中数据离散程度的另一种统计指标。方差是标准差的平方。

计算方法：先计算每个数据值与平均数之差的平方，然后将所有差值的平方相加，并除以数据个数。

（6）离散系数。

离散系数是标准差与平均数之比，用于比较不同数据集之间的变异程度。

计算方法：将标准差除以平均数，然后乘以100，以百分比表示。

接下来我们了解一下相关性和协方差的概念，以及相关系数的计算和解释。这里同样借助ChatGPT，提示词与前面类似，得到的回答内容如下：

（1）相关性和协方差。

相关性用来衡量两个变量之间线性关系的强度和方向。相关性的取值范围为-1到1，负相关表示反向关系，正相关表示正向关系，0表示无关系。

协方差衡量了两个变量的总体离散程度和线性关系的强度。协方差的取值范围没有限制，正值表示正相关，负值表示负相关，0表示无关系。

协方差与相关系数之间的关系是：相关系数等于协方差除以两个变量的标准差之积。相关系数可以消除变量的量纲差异，使得比较变量的相关性更为准确和明确。

（2）相关系数的计算和解释。

最常用的相关系数是皮尔逊相关系数，它衡量了两个变量之间的线性关系强度和方向。

皮尔逊相关系数的计算方法是：用两个变量的协方差除以两个变量的标准差之积。

相关系数的取值范围为-1到1，接近-1表示强烈的负相关，接近1表示强烈的正相关，接近0表示无线性关系。

相关系数还可以通过可视化手段，如散点图，来判断两个变量之间的关系。

下面我们再用ChatGPT解释一下抽样和样本统计量的概念，以及参数估计方法、显著性检验的基本原理、假设检验的步骤。ChatGPT给出的回答如下：

（1）抽样和样本统计量。

抽样是指从总体中选择一部分个体或观察值，以获取总体的特征或进行统计推断的过程。

样本统计量是通过对样本数据进行计算得到的数值，用于估计总体的特征。样本统计量可以是均值、方差、相关系数等。

样本统计量的特点是：可以通过已知的计算方法直接从样本数据中获得，并且可以通过重复抽样得到多个样本统计量，用于估计总体特征的分布。

（2）参数估计方法。

参数估计是指利用样本数据来估计总体的未知参数值。

常见的参数估计方法包括最大似然估计、矩估计、最小二乘估计等。

参数估计方法的选择要根据具体的问题和数据的性质，以及估计量的性质和统计方法的要求来决定。

（3）计算显著性检验的基本原理和假设检验的步骤。

显著性检验是统计学中常用的方法，用于判断样本数据是否提供了足够的证据来支持或拒绝关于总体参数的某个假设。

假设检验的基本原理是对比观察到的样本数据与根据某个假设所预期的样本数据的差异。

假设检验通常包括两个假设：零假设和备择假设。

假设检验的步骤如下。

（1）明确零假设和备择假设。

（2）选择合适的统计检验方法和显著性水平。

（3）根据样本数据计算出相应的统计量。

（4）根据所选的显著性水平，通过比较统计量的值与临界值或通过计算 p 值来判断是否拒绝零假设。根据判断结果来进行推断和结论。

下面来了解一下关于方差分析的基本概念和应用场景，单因素方差分析的原理、计算和解释结果的方法，以及多因素方差分析的原理、计算和解释结果的方法。ChatGPT 给出的回答如下：

（1）方差分析的基本概念和应用场景。

方差分析用于比较两个或多个总体均值之间的差异，它基于总体的方差来判断这些差异是否显著。

方差分析的基本思想是将总体的方差分解为不同来源的变异成分，如组内变异和组间变异，进而通过比较这些变异成分的大小来判断均值差异的显著性。

方差分析的应用场景包括但不限于：比较不同治疗方法对疾病治疗效果的影响、比较不同品牌产品的销售额、比较不同教学方法对学生成绩的影响，等等。

（2）单因素方差分析的原理、计算和解释结果的方法。

单因素方差分析是指比较一个因素（自变量）对一个因变量的影响，将样本数据按照因素分成多个组别进行分析。

单因素方差分析的原理是：通过计算组内变异和组间变异的比值（方差比）来判断均值差异的显著性，以 F 统计量来进行检验。

单因素方差分析的计算过程包括：计算组间平方和、组内平方和、均方差，以及计算 F 统计量。

单因素方差分析的结果解释方法是：通过判断所计算的 F 统计量是否显著（是否大于显著性水平的临界值），来判断不同组别均值之间的差异是否有统计学意义。

（3）多因素方差分析的原理、计算和解释结果的方法。

多因素方差分析是指比较两个或多个因素对一个因变量的影响，将样本数据按照多个因素交叉分类进行分析。

多因素方差分析的原理是：将总体的方差分解为组间变异、组内变异和交互作用变异三个成分，然后通过比较这些变异成分的大小来判断差异是否显著。

多因素方差分析的计算过程与单因素方差分析类似，但需要额外计算交互作用的平方和。

接下来让 ChatGPT 给我们介绍一下时间序列数据的基本特点和应用领域，以及指数平滑、移动平均和傅里叶分析的方法。ChatGPT 给出的回答如下：

> 时间序列数据指的是按照时间顺序排列的数据。
>
> （1）时间序列数据的基本特点如下。
>
> 趋势性：时间序列数据通常存在着长期趋势的变化，可以是上升、下降或平稳的。
>
> 季节性：数据中可能存在周期性的季节变化，如每年的季节周期等。
>
> 周期性：某些数据会呈现出较长时间的周期性变化，如经济周期、商业周期等。
>
> 随机性：数据中可能存在随机误差或不可预测的变动。
>
> （2）时间序列数据的应用领域如下。
>
> 经济学：用于分析宏观经济指标、股市数据等。
>
> 金融学：用于分析股票、外汇、债券等金融资产的价格或收益率。
>
> 市场营销：用于分析销售额、市场份额、用户行为等。
>
> 气象学：用于预测气候、天气等。
>
> （3）指数平滑、移动平均和傅里叶分析的方法如下。
>
> 指数平滑：通过加权平均的方式，对时间序列的数据进行平滑处理，以便更好地观察和预测数据趋势的变化。
>
> 移动平均：通过计算一段时间内的数据均值来平滑时间序列，以便更好地观察和预测数据的趋势变化。
>
> 傅里叶分析：通过将时间序列数据分解成不同频率的正弦和余弦波的叠加，对时间序列的周期性进行分析和挖掘。

最后我们来了解一下回归分析的基本概念和应用场景、简单线性回归和多元线性回归的计算方法，以及如何解释回归模型的结果。ChatGPT 的回答如下：

> （1）回归分析的基本概念和应用场景。
>
> 回归分析用于研究自变量与因变量之间的定量关系，通过建立回归模型来描述自变量对因变量的影响，并进行预测和解释。
>
> 回归分析的应用场景包括但不限于：分析市场需求与价格之间的关系，

评估广告投入对销售额的影响，预测房价与房屋面积、地理位置等因素的关系，等等。

（2）简单线性回归和多元线性回归的计算方法。

简单线性回归：通过一个自变量预测一个因变量的关系。计算过程包括拟合回归直线、计算残差平方和、计算参数估计值等。

多元线性回归：通过多个自变量预测一个因变量的关系。计算过程类似于简单线性回归，但需要使用多元线性方程进行建模和参数估计。

（3）如何解释回归模型的结果。

回归模型的结果解释：要解释回归模型的结果，可以关注自变量的系数，它表示单位自变量变化对因变量的影响。同时还可以关注回归模型的显著性水平，判断模型的整体拟合效果是否有效。

9.2 数据分析库中的描述统计工具

下面我们选取泰坦尼克数据集进行实践操作。泰坦尼克数据集是一个非常著名的数据集，它记录了 1912 年泰坦尼克号沉船事故中乘客的一些基本信息及他们的生存情况。这个数据集常用于机器学习和数据分析的教学和实践。大家可以在Kaggle、天池等网站免费下载到。

泰坦尼克数据集通常包含以下字段。

PassengerId：乘客 ID。

Survived：是否生存，1 为生存，0 为未生存。

Pclass：票的等级，1 代表一等舱，2 代表二等舱，3 代表三等舱。

Name：乘客的姓名。

Sex：乘客的性别。

Age：乘客的年龄。

SibSp：兄弟姐妹/配偶的数量。

Parch：父母/子女的数量。

Ticket：船票号码。

Fare: 船票价格。

Cabin: 船舱号码。

Embarked: 登船港口，C代表Cherbourg，Q代表Queenstown，S代表Southampton。

本节我们来看一下如何在ChatGPT的指导下使用Excel中的分析工具包对泰坦尼克数据集中的相关信息进行描述性统计分析。我们在之前的学习中了解了描述性统计是用来总结和描述数据集的基本特征及相关的重要指标的概念和计算方法，也知道了这些指标是用来描述数据的集中趋势、离散程度和分布情况的。现在我们打开分析工具包，选择"描述统计"方法，会弹出如图9.2所示的界面。

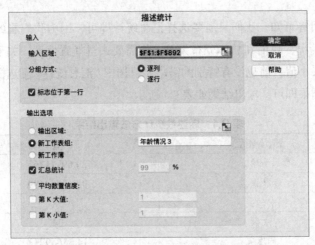

图 9.2　调用描述统计方法后弹出的界面

"输入区域"选择我们需要进行分析的数据所在区域，笔者选择了年龄所在的一列作为分析数据。需要注意的是，当我们选择了列名后，需要选中"标志位于第一行"复选框，不然就会报错，显示输入区域包含非数值型数据。在"输出选项"中如果选择"输出区域"，意味着数据结果会显示在原始数据所在的工作表中（即一个Sheet中）。

下面让ChatGPT解释一下"输出选项"中其他可能需要填写的内容及其含义分别是什么。ChatGPT的回答如下：

（1）汇总统计：该选项可计算给定数据集的主要统计指标，如平均值、中位数、众数、最小值、最大值、标准差等。它为你提供了对数据分布的整体概览。在 Excel 中，你只需要选择这个选项即可。

（2）平均数置信度：这个选项用于设置计算平均值的置信区间的置信水平。你可以在这里选择要使用的置信水平，以确定计算均值置信区间所需的置信度。默认情况下，Excel 将使用 95% 的置信水平，但你可以自定义设置。

（3）第 K 大值和第 K 小值：这些选项用于指定要计算的数据集中的第 K 个最大值和第 K 个最小值。你需要将 K 值填入相应的输入框。例如，如果你希望计算数据集中的第 3 个最大值和第 5 个最小值，你需要在相应的输入框中填写数字 3 和 5。

由回答可知，我们只需要选择汇总统计即可，因为我们看的是局部数据的情况，目前和总体分布无关，不需要去选择置信度。关于第 K 大值和第 K 小值目前也没有特别的需求，只选中"汇总统计"复选框观察一下输出结果即可，输出结果如表 9.1 所示。

表 9.1　描述性统计方法输出结果

输出指标	值
平均	29.69911765
标准误差	0.543640499
中位数	28
众数	24
标准差	14.52649733
方差	211.0191247
峰度	0.178274154
偏度	0.389107782
区域	79.58
最小值	0.42
最大值	80
求和	21205.17
观测数	714

对于这些输出指标，我们在上一节其实已经有了一些了解，但是出现了一个峰度和偏度，我们让 ChatGPT 解释一下。ChatGPT 的回答如下：

当我们进行数据分析时，峰度和偏度是用来描述数据分布形态的两个重要统计指标。

（1）峰度：峰度是描述数据分布曲线的陡缓程度和尖峭程度的指标。它表征了数据集尾部的厚度和峰值的高度。峰度的数值越大，数据分布形态越尖峭（峰度大于 3 为尖峭分布），而数值越小，数据分布形态越平坦（峰度小于 3 为平坦分布）。

例如，考虑一个身高数据集，如果峰度值较大（超过 3），则表示数据集中的身高分布相对集中，相对于正态分布的峰值更高且尾部更陡。相反，如果峰度值较小（小于 3），则表示数据集中的身高分布相对较平，相对于正态分布的峰值较低且尾部相对较平。

（2）偏度：偏度是描述数据分布偏斜程度的指标。它表示了数据分布曲线相对于平均值的不对称性。正偏斜（右偏）表示数据分布向右偏离平均值，尾部延伸至较大的值；负偏斜（左偏）表示数据分布向左偏离平均值，尾部延伸至较小的值。

举个例子，考虑一个个体收入的数据集，如果偏度值较大，表明该收入数据集是右偏（正偏）的，即存在较多的高收入个体。相反，如果偏度值较小，表明该收入数据集是左偏（负偏）的，即存在较多的低收入个体。

为了更好地理解，我们用图 9.3 和图 9.4 来进行说明。

偏度<0　　　　　　　偏度=0　　　　　　　偏度>0

图 9.3　偏度示意图

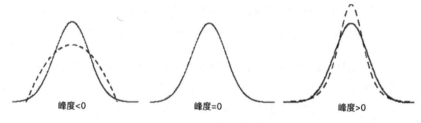

图 9.4 峰度示意图

最后让ChatGPT帮我们解读一下这个结果。

根据给出的结果，对以下统计指标进行解读。

平均值：数据集的平均值为 29.69911765，表示数据集中观测值的平均水平。

标准误差：标准误差为 0.543640499，衡量了样本平均值估计的精确程度。

中位数：中位数为 28，代表数据集中的观测值按大小排序后的中间值。

众数：众数为 24，表示数据集中出现频率最高的数值。

标准差：标准差为 14.52649733，表示数据集中的观测值之间的离散程度。

方差：方差为 211.0191247，度量了数据集中的观测值离平均值的平均距离。

峰度：峰度为 0.178274154，表明数据集的峰度接近于正态分布，不是特别尖峭或平坦。

偏度：偏度为 0.389107782，表示数据分布稍微偏向右侧，但不是严重偏斜。

区域：区域为 79.58，指数据集观测值的范围，即最大值和最小值之差。

最小值：最小值为 0.42，表示数据集中的最小观测值。

最大值：最大值为 80，表示数据集中的最大观测值。

求和：求和结果为 21205.17，即所有数据观测值的总和。

观测数：数据集中的观测数为 714，代表数据集中的样本数量。

9.3　数据分析库中用来表示变量间关系的工具

我们已经了解到表示变量之间关系的工具是相关性和协方差，本节就来在 Excel 中实践一下。在"数据分析"对话框中的"分析工具"下选择"相关系数"，将会弹出如图 9.5 所示的对话框。

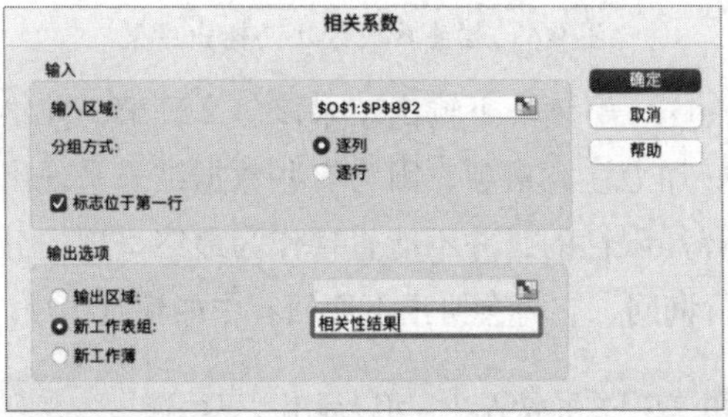

图 9.5　选择"相关系数"方法后弹出的界面

观察需要设置的项目，首先是选择输入区域。输入区域必须是一个矩形范围，包含要计算相关系数的所有变量的数据。每个变量应该位于输入区域的不同列，且第一行应包含变量的名称或标签，以便识别每个变量，它们不会被用于相关系数的计算。需要注意的是，所有数据应该是数值格式的，不然会报错，显示输入区域包含非数值型数据。

如果我们想看一下数据集中的"是否生存""乘客的年龄""船票价格"这三个指标之间的相关系数需要先了解两个重要的统计学概念，就是连续变量和离散变量。连续变量是指可以采取无限个数值的变量，它们通常表示度量或计量属性，可以在某个范围内取任意值，例如我们使用的数据集中的"乘客的年龄"和"船票价格"都是连续变量，连续变量可以以小数或分数形式表示，并可以进行算术运算。离散变量通常表示分类或标识属性，不具有连续性，例如我们数据集中的"是否生存"。离散变量只能以离散的整数或分类形式表示，不能进行数学运算。

相关系数是通过数学运算计算出来的，通常用于连续型变量，而不用于离散型变量，所以这里只研究"乘客的年龄"和"船票价格"之间的相关性。另外要注意的是，选择输入区域的每个列必须相连接，所以我们把所需的列都复制出来放在一起。最终的输出结果如图 9.6 所示。

	Age	Fare
Age	1	
Fare	0.096066692	1

图 9.6　相关系数方法的输出结果

然后让 ChatGPT 解读一下输出结果该怎么理解，并给出一些注意事项，提问时最好加上注意事项，因为有些数据结果呈现出来的结论是有使用条件和解释局限性的，并不能直接作为最终呈现的分析结果。比如向 ChatGPT 进行询问，它将会给出下面回答中的注意事项。

根据你提供的相关系数结果，可以得出以下解释。

Age 和 Fare 之间的相关系数为 0.0961，接近于 0，再次表明这两个变量之间的线性关系非常弱。

注意事项如下。

（1）相关系数只能反映变量之间的线性关系，对于非线性关系无法准确描述。

（2）解释结果时要考虑相关系数的置信区间和显著性水平，以确定相关关系是否具有统计学意义。

（3）相关系数只能描述变量之间的关系，不能确定因果关系。因此，在进行解释时需要慎重，并综合其他背景知识和分析结果进行推断和判断。

接下来，我们让 ChatGPT 举例解释一下回答中的注意事项所涉及的概念，并介绍应该如何使用相关系数才能得出较为客观的结论。下面是它的回答。

当使用相关系数时，有几个注意事项需要考虑。下面我将结合实例来解释这些注意事项，并说明如何使用相关系数以使数据结论更加客观。

（1）相关系数反映线性关系：相关系数只能准确描述变量之间的线性关系，对于非线性关系是无法提供准确描述的。例如，假设你在研究一个产品的销量与其价格之间的关系，你计算得到的相关系数为 -0.2。这意味着价格和销量之间存在一个弱的负相关关系，即价格上升，销量下降。然而，如果实际情况是销量与价格之间存在非线性的关系，如价格上升到一定程度后销量开始增加，那么相关系数 -0.2 可能无法准确描述这个关系。

（2）考虑置信区间和显著性水平：在解释结果时，我们应该考虑相关系数的置信区间和显著性水平。置信区间给出了相关系数的估计范围，通过判断是否包含 0 来确定相关关系的统计学意义。显著性水平则是用来决定是否拒绝原假设，通常设置为 0.05。例如，你计算得到的相关系数为 0.6，但置信区间为 0.4 到 0.8，该区间不包含 0，则可以认为相关关系是具有统计学意义的。

（3）相关系数不能确定因果关系：相关系数只能用来描述变量之间的关系，而不能确定其因果关系。例如，假设你研究学习时间与考试成绩之间的关系，你计算得到的相关系数为 0.7，说明学习时间和考试成绩存在较强的正相关关系。然而，不能因此得出学习时间增加使考试成绩提高的结论，还需要考虑其他可能的因素、研究设计及因果推断的准则。

为了使数据结论更加客观，使用相关系数时可以采取以下措施。

（1）考虑多个变量和背景知识：在解释相关系数时，应该综合考虑其他相关的变量及背景知识。这有助于避免单纯依赖相关系数而忽略其他可能的因素。

（2）使用多个统计方法：相关系数是一种统计方法，通过使用其他统计方法进行验证可以增强结论的客观性。例如，可以使用回归分析来进一步探索变量之间的关系。

（3）针对数据的独特性进行解释：了解数据的特点和背景是解释相关系数的关键。在解释时，应该考虑数据的来源、采样方法、样本大小等因素，并结合领域知识进行合理的解释和推断。

如果对于回答中所涉及的概念还是有疑问，也没有必要深究，因为一方面需要通过实践来加深理解，另一方面需要结合后面的知识辅助理解。所以学习到这一步，我们能够清楚指标的基本概念和使用场景，知道如何在 Excel 中操作使用即可。

下面按照同样的方法来学习协方差的应用，选择"协方差"后弹出的界面如图 9.7 所示。

图 9.7　选择协方差方法后的弹出界面

协方差的弹出界面和相关系数基本一致，所以填写方法就不再赘述了。其输出结果如图 9.8 所示。

	Age	Fare
Age	210.7235798	
Fare	73.7455998	2466.665312

图 9.8　协方差方法的输出结果

根据 9.1 节的基础知识，我们知道协方差与相关系数之间的关系是，相关系数等于协方差除以两个变量的标准差之积。相关系数可以消除变量的量纲差异，使得变量之间的相关性更为明确。所以它的解释和相关系数的解释基本上一致，唯一不同的是，由于没有消除量纲的影响，所以两个变量和变量自身之间的协方差差异很大。

9.4　数据分析库中的统计推断类工具

本节涉及的工具有以下几种。

F-检验：双样本方差。

t-检验：平均值的成对二样本分析；双样本等方差假设；双样本异方差假设。

z-检验：双样本平均差检验。

前面我们大致了解了显著性检验的基本原理和假设检验的步骤，F-检验和t-检验就是其中的一些检验方法，而不同的检验方法是针对分布而言的，其中又会涉及数据分布的概念，所以本节我们进行深入的探索。下面直接询问ChatGPT关于F-检验、t-检验及z-检验的相关知识，ChatGPT给出的回答如下：

（1）F-检验基于比较两个或更多个样本之间的方差差异。具体来说，F-检验通过计算两个样本的方差的比值，然后与F分布进行比较，从而判断样本之间的方差是否存在显著差异。其原理是，当两个样本的方差没有显著差异时，计算出的F值应该接近1；当两个样本的方差存在显著差异时，计算出的F值将远离1。通过将计算得到的F值与F分布的临界值进行比较，我们可以确定是否存在显著差异。

（2）t-检验基于比较两个样本之间的均值差异。具体来说，t-检验通过计算两个样本均值之间的差异，并考虑通过抽样得到的标准误差，得到一个标准化的差异值，即t值。然后，我们将计算得到的t值与t分布的临界值进行比较，以确定均值之间是否存在显著差异。如果计算得到的t值大于临界值，我们可以得出结论，即两个样本的均值存在显著差异。

（3）z-检验也用于比较两个独立样本的均值是否显著不同。不同于t-检验，z-检验假设总体方差已知（或样本量较大，可以近似认为总体方差已知）。它通过计算两个样本的均值差异，并考虑均值差异的标准误差，进而计算出z值。将计算得到的z值与标准正态分布进行比较，我们可以判断样本的均值是否有显著差异。

在进行检验之前，我们需要明确研究目的和问题，并建立假设。通常，我们会建立一个原假设（H0），假设样本之间没有差异，并建立一个备择假设（Ha），假设样本之间存在差异。然后，通过计算F值或t值，并基于临界值进行比较，我们可以得出结论来接受或拒绝原假设。

对于上述回答中提到的几大分布，我们让ChatGPT来介绍一下这些分布的概念。ChatGPT给出的回答如下：

（1）正态分布。

正态分布（也称为高斯分布）是最常见的连续概率分布之一，数据在正态分布中具有对称性，并且均值、标准差决定着分布的形态。正态分布的图形是一个钟型曲线，对称于均值。许多自然现象和随机变量都可以用正态分布来描述。

（2）标准正态分布。

标准正态分布是正态分布的一种特殊情况，其均值为 0，标准差为 1。标准正态分布表达式通常用符号 Z 表示。标准正态分布的图形也是一个钟型曲线，但它具有固定的均值和标准差。

（3）F分布。

F 分布用于处理两个或多个样本方差之间的差异，它是一种连续分布。F 分布有两个参数，自由度分别为 n1 和 n2，它们用于确定曲线的形状。F 分布的图形呈现出右偏的形状，它的性质使它适用于方差比较和回归分析等统计方法。

（4）t分布。

不同于正态分布，t分布更适合小样本分析或者总体方差未知的情况。t 分布是一个钟型曲线，它的形状和自由度有关。自由度 n 决定了 t 分布的"重尾"特性，当自由度增加时，t 分布趋近于正态分布。

这些分布的图形表示可以通过绘制概率密度函数的曲线来实现。

不同分布概率密度图可以直观地展示数据分布的情况，大家如果感兴趣，可以自行搜索并观察不同参数取值时，概率密度曲线是如何变化的。当然，Excel 中也有生成不同分布函数的方法，可以通过询问 ChatGPT 关于函数的书写方法，自行在 Excel 中生成一组分布数据绘制密度图进行查看。后面会生成正态分布数据组的方法。

在深入了解概念之后，需要根据 Excel 分析工具库中提供的方法进行原理和使用场景的学习。所以询问方法就有些不一样了，具体如下。

⌂ 提问思路

为了直观展现，让 ChatGPT 用具体的实例从原理和使用场景方面来说明 Excel 分析工具库中提供的方法的区别。

> **问：** 你现在是一个资深 Excel 工程师，且精通统计学知识，请根据具体的实例来从原理和使用场景方面解释一下【上述检验方法】。

⑤ ChatGPT 回答：

（1）F-检验：双样本方差。

原理：F-检验用于比较两个或多个样本之间的方差差异。它通过计算两个样本方差之比，然后与F分布进行比较，确定样本方差是否存在显著差异。

使用场景：比较两组观测数据的方差是否显著不同，评估不同因素对方差的影响。

（2）t-检验：平均值的成对二样本分析。

原理：t-检验用于比较两个样本均值之间的差异。对于成对的样本，t-检验会计算成对观测值的差异，并考虑这些差异的均值和标准误差，进而计算t值并与t分布进行比较，确定均值差异是否显著。

使用场景：比较同一组个体在不同时间点或条件下的观测值差异。

（3）t-检验：双样本异方差假设。

原理：这种t-检验适用于在比较两个样本均值时，假设两个样本的方差不相等。它会对两个样本的差异进行标准化处理，并考虑两个样本的方差差异，进一步计算t值并与t分布进行比较，确定均值差异是否显著。

使用场景：比较两组观测数据的均值，且认为两组数据的方差不相等。

（4）z-检验：双样本平均差检验。

原理：通过计算两个独立样本的均值差异，并考虑均值差异的标准误差，进而计算出z值。然后，将计算得到的z值与标准正态分布进行比较，从而判断两个样本均值差异是否显著。

使用场景：比较两个独立样本，并且判断它们的均值差异是否显著。

从上述 ChatGPT 的回答中，我们随便选一个方法来举例说明如何用 ChatGPT 进行这类工具的学习。我们选择 F-检验：双样本方差。让 ChatGPT 举一个应用该方法的实际例子，并生成和这个例子相关的分析数据。ChatGPT 的回答如下：

假设你是一位质量控制工程师，你想比较两个不同供应商提供的钢材的硬度方差是否相同。你从每个供应商处随机抽取了 15 个样本，并测量了每个样本的硬度。

你的零假设（H0）是两个供应商提供的钢材硬度方差相等，备择假设（H1）是两个供应商提供的钢材硬度方差不相等。你可以进行F-检验来检验零假设。

具体的数据如表 9.2 中所示。

表 9.2　不同供应商提供的钢材样本硬度情况

供应商 1	供应商 2
85	82
87	80
83	85
88	84
86	83
85	81
84	82
88	84
84	86
83	83
85	85
87	87
86	82
84	84
88	83

把数据复制进Excel并选择对应工具后，弹出的界面如图 9.9 所示。选择对应区域的变量，变量 1 选择第一列的数据区域，变量 2 选择第二列的数据区域。显著性水平通常用符号 α 表示，常用的显著性水平有0.05、0.01 和 0.001 等。例如，当我们选择显著性水平为 0.05 时，意味着我们接受出现错误的概率为 5%。默认选择的都是 0.05 的显著性水平，后续

内容出现的所有显著性水平的填写均是这样。

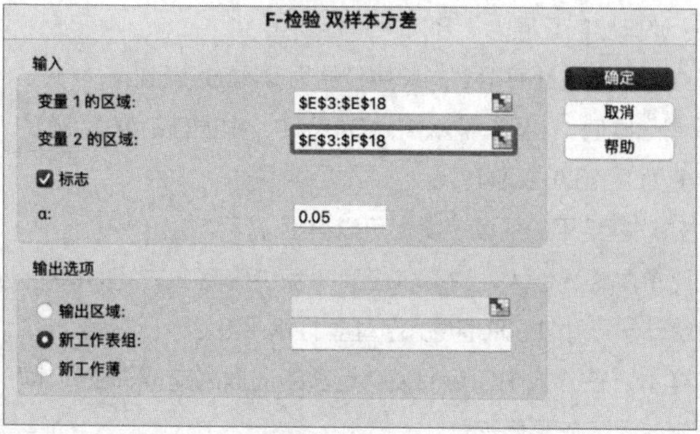

图 9.9　选择"F-检验：双样本方差"弹出的对话框

配置完成后单击"确定"按钮，结果如图 9.10 所示。我们可以尝试自己分析这一结果，也可以让 ChatGPT 帮我们解读。

F-检验 双样本方差分析		
	供应商1	供应商2
平均	85.5333333	83.4
方差	3.12380952	3.54285714
观测值	15	15
df	14	14
F	0.88172043	
P(F<=f) 单尾	0.40855605	
F 单尾临界	0.40262094	

图 9.10　选择"F-检验：双样本方差"的结果

将上述结果复制进 ChatGPT，并进行提问，ChatGPT 的解读结果如下。

根据你提供的数据，进行双样本方差分析（F-检验）的结果如下。

平均值：供应商 1 的样本平均值为 85.5333333，供应商 2 的样本平均值为 83.4。

方差：供应商 1 的样本方差为 3.12380952，供应商 2 的样本方差为 3.54285714。

观测值：每个供应商的样本数量都是 15 个。

自由度（df）：根据观测值减去 1，供应商 1 和供应商 2 的自由度都是 14。

F 值：计算出的 F 值为 0.88172043。

P(F<=f) 单尾：计算得到的单尾 P 值为 0.40855605。

F 单尾临界值：在显著性水平为 0.05 时，根据自由度为 14 的 F 分布表，单尾临界值为 0.40262094。

通过对这些结果的解读，我们可以得出以下结论。

F 值比单尾临界值大，说明供应商 1 和供应商 2 之间的钢材硬度方差差异不具有统计学显著性。P 值也大于显著性水平 0.05，支持这一结论。因此，在这个双样本方差分析中，我们没有足够的证据来支持供应商 1 和供应商 2 在钢材硬度方面存在显著差异。

其他检验方法的学习都遵循上述步骤进行就可以了，大家可以自行操作。

9.5 数据分析库中的方差分析工具

我们了解了什么是方差分析，在本节通过方差分析工具进行实践之前，我们不通过 ChatGPT 来准备数据，而是换另一种方式来准备数据，这会用到工具包中的一个工具：随机数发生器。选择该工具后，弹出的页面如图 9.11 所示。

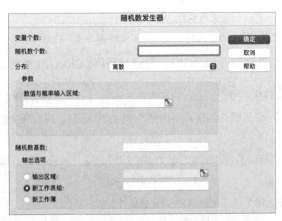

图 9.11 选择"随机数发生器"后弹出的对话框

图 9.11 中的分布中提供了以下几种选项：均匀、正态、伯努利、二项式、泊松、模式、离散。我们询问 ChatGPT 关于随机数发生器选项的作用及选项如何填写，它的回答如下。

> Excel 中加载选项中的分析工具库提供的随机数发生器是用于生成随机数序列的工具。它们可以帮助您在 Excel 中快速生成符合特定分布的随机数，这些随机数发生器提供了不同的分布类型，包括均匀分布、正态分布、指数分布等，可以根据您的需求来选择合适的分布类型。您可以通过指定参数如均值、标准差、最小值、最大值等来控制随机数的生成范围和分布特性。

根据上面的回答，我们知道参数是根据选取的分布来决定的，变量个数相当于 Excel 表格中的列，随机数个数就是生成的对应分布的数据数量。我们举一个分布的例子，来演示怎么通过 ChatGPT 来掌握随机数发生器参数的填写。由于正态分布的使用具有广泛性和普适性，它是许多自然现象和随机过程的近似分布，这使得它成为统计推断和假设检验的基础之一，所以我们就用正态分布来演示，选择该分布后弹出的对话框如图 9.12 所示。

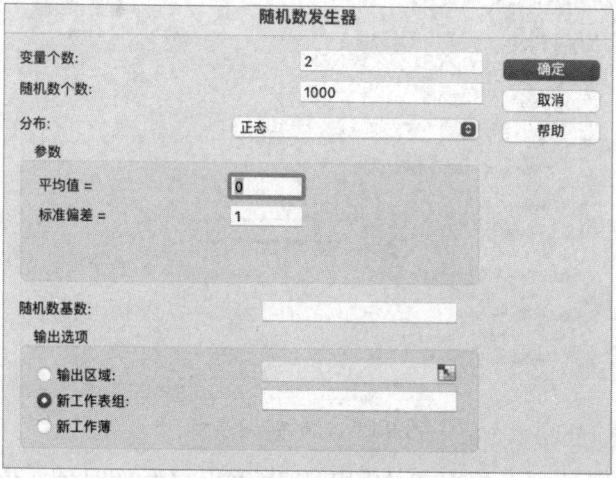

图 9.12 "随机数发生器"对话框

接下来再让 ChatGPT 给我们解释一下正态分布的参数，ChatGPT 的回答如下。

> 当您使用随机数发生器生成正态分布的随机数时，需要填写几个参数来定义所需的分布特征。以下是对这些参数的解释。
>
> （1）平均值：正态分布的平均值，代表分布的中心位置。您可以根据需要输入任意数值。较大的平均值将使得生成的随机数整体偏向于更大的值，而较小的平均值将使得生成的随机数整体偏向于更小的值。
>
> （2）标准差：正态分布的标准差，用来衡量数据的离散程度。标准差越大，生成的随机数的取值范围越宽；标准差越小，生成的随机数的取值范围越窄。
>
> 这些参数的选择将影响生成的随机数的分布形状和范围。较大的平均值和标准差会导致分布在整体上更为分散和扁平，而较小的平均值和标准差会导致分布更为集中和陡峭。

接下来我们按照图 9.12 中的参数进行填写，生成两列分布基本一致的数据后再来抽样。使用抽样工具将这些随机数按照一定逻辑抽取一部分，再演示方差分析。选择"抽样"后弹出的对话框，如图 9.13 所示。

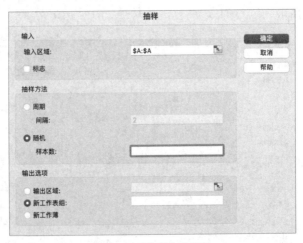

图 9.13 "抽样"对话框

让我们询问 ChatGPT 统计学中的抽样方法，ChatGPT 的回答如下。

> 在统计学中，有多种抽样方法用于从总体中选择样本。下面是一些常见

的抽样方法。

（1）简单随机抽样：每个个体具有相等的概率被选入样本，是最基本的抽样方法。

（2）系统抽样：按照事先确定的间隔（抽样间距）从总体中选择样本。例如，从一串编号样本（1，2，3，...，N）中按照固定的间隔选择样本。

（3）分层抽样：将总体分成若干子群（层），然后从每个子群中进行简单随机抽样。确保每个子群在样本中都有代表性。

（4）整群抽样：将总体划分成若干个群组，然后从某些群组中全面抽取样本，而不是从每个群组中选择个体。可随机选择群组或根据实际情况选择特定群组。

（5）整体抽样：根据总体中不同类别的特定配额要求，选择满足要求的样本。配额可以根据总体的特征进行设置，以确保样本的多样性。

（6）比例抽样：根据总体中各类别的比例关系，选择相应数量的样本。例如，如果总体中男性占 50%，女性占 50%，则样本中男性和女性的比例也应大致为 50:50。

如果在图 9.13 中选择周期抽样方法，抽样工具将按照间隔从一个数据集中进行抽样，并创建一个新的样本数据集。如果选择随机抽样方法，就相当于在之前生成的正态分布的数据集中采取随机抽样，抽取到与填写样本数对应的数量，组成一个新的数据集。我们就将随机抽样运用到之前生成的两列数据中，生成两列 30 行的数据。

准备好数据之后，再选择工具中的方差分析方法。由于我们准备的数据只是根据工具随机生成的一个满足正态分布且进行抽样之后的数据集，所以我们需要知道我们的数据到底满不满足方差分析的需求。我们先向 ChatGPT 询问方差分析的使用场景，再询问我们的数据集是否满足这样的使用要求。

方差分析的使用条件如下。

（1）数据的独立性：方差分析要求数据点之间是相互独立的。每个数据点的取值不应受其他数据点的影响。

（2）正态性：方差分析假设数据点的取值符合正态分布。虽然当样本容量较大时，方差分析对正态性的要求较为宽松，但如果数据明显违背正态分布，方差分析的结果可能不可靠。

（3）方差齐性：方差分析要求不同组别的数据具有相同的方差。如果方差不齐，即不同组别的方差不同，那么方差分析的结果可能不准确。

对于您提到的情况，如果您有两组随机生成、数量一致、满足正态分布的数据，在经过了随机抽样，通常来说可以使用方差分析进行分析。

由于分析工具库中提供了以下三种分析方法：单因素方差分析、可重复双因素分析、无重复双因素分析，所以我们再让 ChatGPT 解释一下这三种不同的方法及它们的对比情况。

⌂ 提问思路

参考之前的提问思路，让 ChatGPT 用具体的实例从原理和使用场景方面来说明 Excel 分析工具库中提供的方差分析方法的区别。

> ▦ 问： 你现在是一个资深 Excel 工程师，且精通统计学知识，请用具体的例子和数据来解释一下 Excel 分析工具库中提供的方差分析方法，以及它们之间的区别。

◎ ChatGPT 回答：

我们将使用一个假设情景作为例子：假设我们想研究不同教学方法对学生数学成绩的影响。我们进行了一个实验，在三个不同的教学方法下，每种方法都有不同的学生，我们测量了每个学生的数学成绩并记录下来。

（1）单因素方差分析。

假设我们有三个教学方法：A、B 和 C。我们对每种方法下的学生数学成绩进行测量，并将结果记录在表 9.3 中。

单因素方差分析将为我们提供多个输出，其中包括 F 统计量和 P 值。这些统计量将帮助我们判断不同教学方法对学生成绩是否有显著影响。如果 P 值小于显著性水平（例如 0.05），我们可以认为不同教学方法对学生成绩有显著影响。

（2）无重复双因素分析。

假设我们有两个非交互作用因素：教学方法和学生类型（A 和 B）。我们想知道这两个因素对学生成绩的影响。我们记录了每个学生的数学成绩、教学方法和学生类型，并将其放入表 9.4 中。

在这个例子中，我们只有一个观测值对应于每个组合的教学方法和学生类型。因此，我们可以使用无重复双因素分析来比较不同教学方法和学生类型对学生成绩的影响。

（3）可重复双因素分析。

假设除了教学方法，还有一个因素是不同的教师。我们想了解教学方法、教师及它们之间的交互对学生成绩的影响。我们记录了每个学生的数学成绩、教学方法和教师的信息，并将其放入表 9.5 中。

在这个例子中，我们有多个观测值对应于每个组合的教学方法、教师和学生成绩。因此，我们可以使用可重复双因素分析来比较不同的教学方法、教师及它们之间的交互对学生成绩的影响。

（4）总结。

无重复双因素分析适用于因素间没有重复观测的情况，每个组别内只有一个观测值。

可重复双因素分析适用于因素间具有重复观测的情况，其中一个因素是可重复的，另一个因素是非相关的、可重复的。

表 9.3　每种方法下的学生数学成绩

教学方法	学生成绩
A	85
A	90
A	78
B	70
B	75
B	72
C	88
C	82
C	85

表 9.4　每个学生的数学成绩、教学方法和学生类型

教学方法	学生	学生成绩
A	Q	85
A	Q	90
A	P	78
B	Q	70
B	P	75
B	F	72
C	F	88
C	P	82
C	P	85

表 9.5　每个学生的数学成绩、教学方法和教师信息

教学方法	教师	学生成绩
A	1	85
A	2	90
A	1	78
B	2	70
B	3	75
B	1	72
C	3	88
C	1	82
C	2	85

　　既然 ChatGPT 回答中已经给出了具体例子和数据，为了保证逻辑连贯及后续分析结果也能利用 ChatGPT 的回答，所以接下来的实践都用这个例子的数据。

　　首先对于表 9.3 选择单因素方差分析，弹出的对话框如图 9.14 所示。

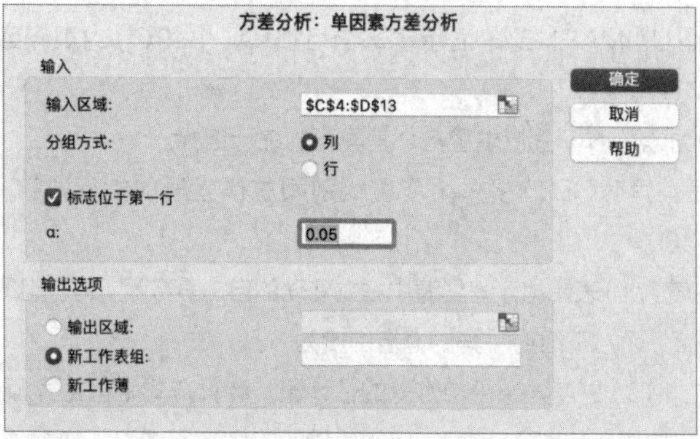

图 9.14 "方差分析：单因素方差分析"对话框

由于分组方式中选择的是列，所以需要将表 9.3 的表结构改写一下（之后遇到这样的问题都需要进行改写），变成表 9.6 所示的样子。

表 9.6 每种方法下的学生数学成绩表格结构变化

A	B	C
85	70	88
90	75	82
78	72	85

对图 9.14 填写完毕后，单击"确定"按钮将得到如图 9.15 所示的结果。

方差分析：单因素方差分析

SUMMARY

组	观测数	求和	平均	方差
A	3	253	84.3333333	36.3333333
B	3	217	72.3333333	6.33333333
C	3	255	85	9

方差分析

差异源	SS	df	MS	F	P-value	F crit
组间	304.888889	2	152.444444	8.8516129	0.01621927	5.14325285
组内	103.333333	6	17.2222222			
总计	408.222222	8				

图 9.15 选择"方差分析：单因素方差分析"后的结果

我们把表中信息复制给 ChatGPT，让它来帮我们解读表中的参数，ChatGPT 给出的回答如下。

（1）SUMMARY部分显示了每个组别（A、B和C）的观测数、求和、平均值和方差。

（2）方差分析部分提供了各个差异源的统计指标。

组间差异源（SS）是一个度量组别间总体差异的指标，它的数值为304.888889。

自由度（df）表示给定差异源中独立变动的自由度数量。对于组间差异源，自由度为2，而对于组内差异源，自由度为6。

均方（MS）是差异源平均方差的估计值，计算方式是将差异源（SS）除以相应的自由度（df）。在这里，组间差异源的均方为152.444444。

F值是用于判断组间差异是否显著的统计量，其计算方式是组间均方（MS）除以组内均方（MS）。在这里，F值为8.8516129。

P值（P-value）是表示观察到的数据或更极端情况下发生差异的概率。在这里，P值为0.01621927。

F临界值（F crit）是根据显著性水平选择的临界值。它用于与计算的F值进行比较，以确定是否存在显著差异。

（3）总计部分提供了总体的方差和观测数信息。

根据分析结果，在这个单因素方差分析中，我们可以得出以下结论。

组间差异源的F值为8.8516129，P值为0.01621927。由于P值小于显著性水平（通常为0.05），我们可以拒绝原假设（组间均值相等），并接受备择假设（组间均值不相等）。这意味着在不同的组别（A、B和C）之间存在着统计上显著的差异。

其他两种方法的实践步骤和上述单因素方差分析的操作一致，大家可以自行练习以加深理解。

9.6 数据分析库时间序列分析工具

我们已经了解了时间序列分析是用来做什么的，现在来深入学习一下什么情况下应该使用什么样的分析方法。Excel分析工具包中提供的时间序列工具包括以下几种方法：指数平滑、移动平均和傅里叶分析。下面让ChatGPT帮我们对比一下这三种方法。

（1）指数平滑。

原理：指数平滑是一种基于加权平均的方法，通过给予最近观测值更大的权重，较旧的观测值权重逐渐减小，从而估计未来数据的趋势。该方法通常适用于平稳或近似平稳的时间序列数据，能够快速反映近期的变化。

使用场景：指数平滑常用于短期预测和趋势分析，特别是对于需求波动较大、具有季节性特征或具有明显趋势的数据。

（2）移动平均。

原理：移动平均方法是一种通过计算一定窗口内数据的平均值来平滑数据的方法。窗口大小可以根据需要调整，较小的窗口可以捕捉到更短期的波动，较大的窗口可以平滑长期趋势。移动平均常用于消除数据中的随机波动和噪声。

使用场景：移动平均常用于中期和长期预测，特别是对于周期性、趋势性较为明显的数据。它可以帮助识别周期性的波动，过滤掉季节性和噪声，以便更好地理解长期趋势。

（3）傅里叶分析。

原理：傅里叶分析是一种将时域数据转换为频域数据的方法，可以分解时间序列数据中的周期性成分。傅里叶分析基于将信号表示为不同频率的正弦波和余弦波的叠加，通过计算频谱可以识别数据中的周期性变化。

使用场景：傅里叶分析通常用于处理周期性和非周期性时间序列数据，特别是具有多个频率成分的复杂数据。它可以帮助识别数据中的主要周期，提供关于频率、幅度和相位的信息。

综上所述，指数平滑适用于短期预测和趋势分析，移动平均适用于过滤噪声和识别长期趋势，傅里叶分析适用于识别数据的周期性变化。在实际应用中，可以根据数据的特点和分析目标选择适当的方法或结合多种方法进行综合分析。

接下来我们要寻找一些数据，这个时候可以直接向ChatGPT询问有哪些研究时间序列分析的公开数据集及获取途径。这里笔者列举几个常用的获取公开数据集的途径：UCI机器学习数据集库；Kaggle（数据科学竞赛平台); 天池; Yahoo Finance (提供金融数据的网站)。这里我们选取天池的一个天气预测数据集, 数据集中的部分内容如表 9.7 所示。其实数据集中还包含了气压和降雨等信息, 但是我们目前只需要预测一下温度。把所有的数据趋势图画出来, 如图 9.16 所示。

表 9.7　天气观测数据

时间点	温度(℃)
553	15.8
554	15.8
555	19.5
556	26
557	17.6
558	15.9
559	22.5
560	26.4
561	20.3

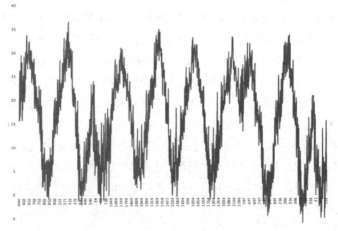

图 9.16　温度变化趋势图

数据准备齐全后, 我们选择指数平滑工具, 将会弹出如图 9.17 所示的对话框。

图 9.17 "指数平滑"对话框

我们让 ChatGPT 解释一下如何在 Excel 中使用指数平滑工具。

> 以下是在 Excel 中使用指数平滑工具的步骤。
>
> （1）准备数据：在 Excel 中，将需要进行指数平滑的时间序列数据输入一个列中，确保数据是按照时间顺序排列的。
>
> （2）添加平滑系数：在另一列中，输入初始的平滑系数（通常介于 0 和 1 之间），这个系数控制着过去观测值对平滑结果的权重。
>
> （3）计算平滑值：在 Excel 中，使用指数平滑公式来计算平滑值。例如，如果你的数据在 A 列中，平滑系数在 B 列中，你可以在 C 列中使用以下公式计算平滑值。
>
> 第一个平滑值：=A2
>
> 之后的平滑值：=(1-B3)C2 + B3A3
>
> 注意：这个公式假设你的数据从第二行开始，第一行是标题。
>
> 拖动填充：将上述公式应用于整个列，以计算所有的平滑值。
>
> 可选：绘制平滑曲线，选择你的时间序列数据和平滑值，并使用 Excel 的图表功能来绘制折线图。

其实上面的回答容易让人产生一些误解，因为大家不清楚回答中提到的平滑系数和阻尼系数的关系，在弹出的界面中也没有平滑系数的选项。所以这个时候可以针对平滑系数和阻尼系数的关系进行提问。它们的关系为：阻尼系数 =（1- 平滑系数）。根据回答可知，输出的预测值就是计算出来的平滑值。由图 9.16 的趋势图可知，时间序列数据具有比较明显的变动倾向，应取大一些的阻尼系数，如 0.6 ~ 0.9。这里我们选择 0.7，出来的部分结果如图 9.18 所示。可以发现预测值和实际值的趋势比较吻合，但是局部的波动并没有很好地模拟出来。

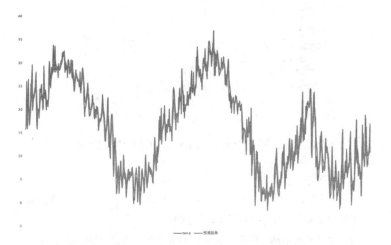

图 9.18 选择指数平滑方法的预测结果

接下来再让 ChatGPT 解释一下如何在 Excel 中使用移动平均工具，可以使用的提示词为："请简单介绍一下如何在 Excel 中使用移动平均工具。" ChatGPT 给出的回答如下。

以下是在 Excel 中使用移动平均工具的步骤。

（1）准备数据：在 Excel 中，将需要进行移动平均的时间序列数据输入一个列中，确保数据是按照时间顺序排列的。

（2）打开数据分析工具：在 Excel 顶部菜单栏中选择"数据"选项卡，然后单击"数据分析"按钮。如果你没有看到"数据分析"按钮，则需要先启用 Excel 的数据分析工具包。

（3）选择移动平均工具：在"数据分析"对话框中，选择"移动平均"选项，然后单击"确定"按钮。

（4）配置移动平均参数：在"移动平均"对话框中，输入"移动窗口"的大小（即需要多少个数据进行平均），以及选择是计算简单移动平均还是加权移动平均。

（5）选择输入数据范围：在移动平均对话框中，选择你的时间序列数据的范围。可以通过输入单元格范围，或者使用鼠标选取单元格范围。

（6）选择输出位置：在"移动平均"对话框中，选择输出结果的位置。可以选择将结果输出到一个新的工作表或指定的单元格位置。

（7）单击"确定"按钮：单击"确定"按钮来进行移动平均的计算和输出。

我们按照操作步骤在分析工具包中选择好对应方法后，弹出的对话框如图 9.19 所示。

图 9.19　"移动平均"对话框

但是我们发现图 9.19 中并没有步骤（4）的内容，对应出现的是间隔参数的选择。对于"间隔"参数这块，上述回答容易给人造成误解，所以我们还是提出具体的困惑，交给 ChatGPT 去解释。

间隔的选择取决于你的数据性质和分析需求，以下是一些常见的选择方法。

（1）固定间隔：你可以选择一个固定的间隔大小，例如 5 个数据点或 10 个数据点。这种方法适用于数据点之间的间隔比较均匀，且你对数据趋势变化的频率有一定认知的情况。较小的间隔可以更敏感地反映短期波动，较大的间隔可以更好地平滑长期趋势。

（2）时间间隔：如果你的数据是按照时间顺序排列的，则可以根据时间间隔来选择移动平均的间隔。例如，对于每日数据，你可以选择移动平均的间隔为 7，以计算一周的平均值，这样可以更好地捕捉数据的周期性变化。

（3）根据数据频率：你也可以根据数据收集的频率来选择间隔。如果数据是每小时收集的，你可以选择移动平均的间隔为 24，以计算一天的平均值，这样可以更好地反映每天的数据变化情况。

需要注意的是，间隔的选择会影响移动平均的结果。较小的间隔会更敏感地反映短期波动，但可能会忽略掉长期趋势。较大的间隔可以更好地平滑长期趋势，但可能会较慢地反应短期波动。

根据数据情况和 ChatGPT 的回答来看，我们选择平均间隔为 7。这里需要注意，由于预测值是根据一周的平均值来计算的，所以会产生 7 个空值，最终产生的部分结果如图 9.20 所示。

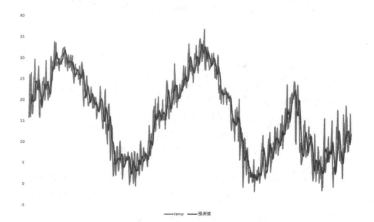

图 9.20　选择移动平均方法的预测结果

我们发现，预测值和实际值的趋势相比较已经很吻合了。

9.7　数据分析库回归分析工具

我们已经大概了解了回归分析方法的应用场景、计算方法和模型解释，本节我们回到泰坦尼克数据集中，用该数据集来探索 Excel 数据分析工具包中提供的回归分析工具。首先根据该数据集中包含的信息确定几个研究方向。我们知道该数据集大致包含了乘客的各项信息及他们最终的存活情况，所以我们可以想到乘客的各项信息是自变量，最终存活情况是因变量，值得探索的是它们之间是否存在某种定量关系。

🖒 **提问思路**

确定了研究方向后，我们选择乘客的年龄、性别和船票价格作为自变量，存活情况作为因变量。当然大家也可以更改或添加自变量。

> 🗔 **问：** 你现在是一个资深 Excel 工程师，我们的数据如下：【复制几行数据】，选择乘客的年龄、性别和船票价格作为自变量，存活情况作为因变量。请帮我提供一些使用 Excel 数据分析工具包中的回归方法建模的思路。

> 🌀 **ChatGPT 回答：**
>
> （1）数据预处理：首先，您可以检查数据是否存在缺失值。对于缺失值，可以考虑使用合适的方法进行填充或删除相关行或列。
>
> （2）数据转换：乘客的性别是一个分类变量，可以将其转换为虚拟变量（也称为哑变量）来表示。其中 1 表示女性，0 表示男性。
>
> （3）自变量选择：考虑选择合适的自变量来构建回归模型。在这种情况下，您可以选择年龄（Age）和船票价格（Fare）作为自变量。确保这些自变量与存活情况（Survived）有一定的相关性。
>
> （4）回归模型建立：使用已选择的自变量构建回归模型。可以选择线性回归模型，其中存活情况是因变量，年龄和船票价格是自变量。
>
> （5）模型评估：使用适当的模型评估指标（如 R 平方值、调整 R 平方值和残差分析）来评估模型的拟合优度和预测准确性。
>
> 以上是一个基本的建模思路，但具体的建模过程可能会根据您的数据和研究目标略有不同。建议在构建回归模型之前，对数据进行进一步的探索性分析，以更好地理解变量之间的关系和可能的模型假设。

根据回答，我们先探索数据，完成数据预处理，这一步可以结合运用前面学到的数据预处理方法和描述性统计工具。例如，先完成数据转换，再使用描述性统计工具，根据结果决定后续的处理方法。图 9.21 为数据的描述性统计结果，我们发现年龄的缺失值占比为 20%，不影响数据完整性，所以把缺失值连同缺失值对应的其他数值进行删除处理。乘客的存活信息及性别数值属于离散的分类型数据，所以下面的描述性统计中的指标可以忽略不看，主要看年龄和船票价格的分布信息。可以根据峰度和偏度看出年龄接近正态分布，而船票价格接近右偏分布。这些数据的分布情况也可以利用前面学到的可视化知识来绘制直方图进行查看。图 9.22 和图 9.23 为年龄和船票价格的分布密度图。

Survived		Sex		Age		Fare	
平均	0.38383838	平均	0.35241302	平均	29.6991176	平均	32.204208
标准误差	0.01630146	标准误差	0.01601327	标准误差	0.5436405	标准误差	1.6647925
中位数	0	中位数	0	中位数	28	中位数	14.4542
众数	0	众数	0	众数	24	众数	8.05
标准差	0.48659245	标准差	0.47799007	标准差	14.5264973	标准差	49.6934286
方差	0.23677222	方差	0.22847451	方差	211.019125	方差	2469.43685
峰度	-1.7750047	峰度	-1.6205797	峰度	0.17827415	峰度	33.3981409
偏度	0.47852344	偏度	0.61892085	偏度	0.38910778	偏度	4.78731652
区域	1	区域	1	区域	79.58	区域	512.3292
最小值	0	最小值	0	最小值	0.42	最小值	0
最大值	1	最大值	1	最大值	80	最大值	512.3292
求和	342	求和	314	求和	21205.17	求和	28693.9493
观测数	891	观测数	891	观测数	714	观测数	891

图 9.21 所选数据的描述性统计结果

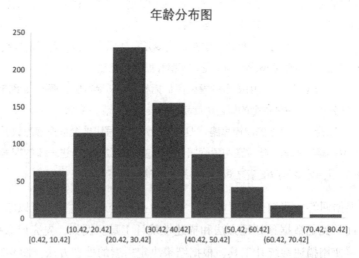

图 9.22 年龄分布图

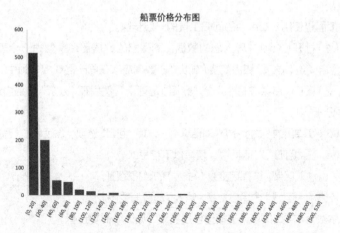

图 9.23　船票价格分布图

接下来打开分析工具包选择回归工具，将会弹出"回归"对话框，如图 9.24 所示。如果 X 值的输入是一个因变量，那么求解算法就是简单的一元线性回归。如果选择多个因变量的话，那么求解算法就是多元线性回归。

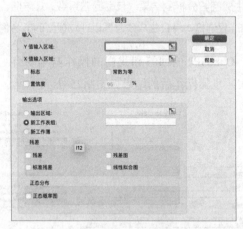

图 9.24　选择回归方法后的弹出界面

让我们再向 ChatGPT 询问一下如何使用 Excel 中的分析工具包中的回归工具，可以向 ChatGPT 提问的提示词为："请问如何用 Excel 中的回归工具？" ChatGPT 给出的回答如下：

下面是使用Excel中的回归工具的一般步骤。

（1）打开Excel并导入您的数据。确保您的数据已经整理为一个表格，并包含自变量（输入）和因变量（输出）。数据应该在同一列或相邻列中。

（2）在Excel菜单栏中选择"数据"选项卡，然后在"分析"分组中选择"数据分析"。

（3）在弹出的"数据分析"对话框中，选择"回归"选项，然后单击"确定"。

（4）在"回归"对话框中，填写以下信息。

Y值输入区域：选择因变量（输入）的数据范围。

X值输入区域：选择自变量（输入）的数据范围。

常数为零：如果您希望模型包括截距，则选中此复选框。

在"输出选项"中，选择您希望获得的回归分析结果。一般来说，最常用的选项是"标准残差"和"残差图"。

在"输出区域"中，选择输出结果的位置。可以选择将结果输出到新的工作表或指定的位置。

单击"确定"按钮开始执行回归分析。

Excel将生成回归分析的结果，包括回归系数、R方值、P值等。如果选中了"残差图"复选框，将会生成残差图以评估模型的拟合情况。

可以发现，ChatGPT的回答和我们的操作基本吻合。根据ChatGPT的回答，我们按照步骤操作后的结果如图 9.25 所示。

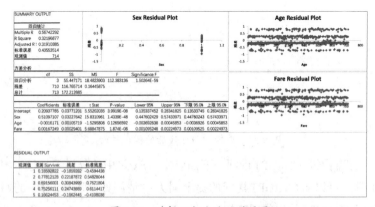

图 9.25　选择回归方法后的结果

我们把表格中的结果分别复制给 ChatGPT，让它帮我们解读。

根据你提供的回归分析结果，我们可以进行如下解读。

（1）回归统计信息。

Multiple R: 0.56742292，表示自变量和因变量之间的线性关系的强度。在这种情况下，多重相关系数为 0.57，表示自变量与因变量之间存在一定的线性关系。

R Square: 0.32196877，表示自变量对因变量的变异解释程度。在这种情况下，R 方为 0.32，说明自变量可以解释因变量 32% 的变异。

Adjusted R Square: 0.31910385，校正后的 R 方，考虑到自变量个数和样本量，用于调整 R 方。在这种情况下，校正后的 R 方为 0.32。

标准误差：0.40553514，表示观测值与回归模型之间的平均误差大小。在这种情况下，标准误差为 0.41。

（2）方差分析。

回归分析的方差分析结果显示，回归模型对于解释观测值的方差来说是显著的。F 值为 112.383136，P 值为 1.50264E-59，表示模型的回归系数是显著的，也就是说至少一个自变量对于解释因变量是有统计显著性的。

（3）回归系数。

Intercept: 0.20937785，表示当所有自变量为零时的截距值。在这种情况下，当不考虑其他自变量时，截距为 0.21。

Sex: 0.51097107，表示性别对因变量的影响。在这种情况下，性别对因变量有显著正向影响，系数为 0.51。

Age: -0.0016171，表示年龄对因变量的影响。在这种情况下，年龄对因变量没有显著影响，系数为 -0.0016。

Fare: 0.00167249，表示费用对因变量的影响。在这种情况下，费用对因变量有显著正向影响，系数为 0.0017。

每个回归系数都有一个标准误差、t 统计量和 p 值。

标准误差：表示回归系数的估计精度。较小的标准误差表示估计值更精确。

t 统计量：表示该回归系数的显著性。较大的 t 统计量对应的 p 值较小，表明回归系数在统计上是显著不为零的。

p 值：p 值小于显著性水平（通常为 0.05）时，我们可以拒绝原假设，即自变量对因变量的影响是显著的。

最后，回归系数的上下限值提供了一个置信区间，可以用来估计真实回归系数的不确定性范围。在这种情况下，我们可以使用置信水平为95%的置信区间来估计回归系数的上下限值。

根据回答可知：回归方程可以表示为 Y = 0.21 + 0.51 * Sex − 0.0016 * Age + 0.0017 * Fare。并且性别和船票价格对因变量有显著正向影响。接下来我们再让ChatGPT教我们如何看残差图。

残差图是一种用于评估回归模型拟合质量的图形工具，它可以帮助我们判断回归模型是否符合一些基本假设，比如线性、同方差性、独立性等。

在解读残差图时，主要关注以下几个方面。

（1）线性：如果残差图中的数据点呈现出随机分布的趋势，没有明显的曲线形状，那么可以认为回归模型具有良好的线性拟合效果。

（2）同方差性：同方差性意味着残差的方差在不同自变量取值下是恒定的。在残差图中，如果数据点在y轴上均匀分布且没有明显的锥形或漏斗形态，那么可以认为回归模型满足同方差性的假设。

（3）独立性：独立性指的是残差之间应该是独立的，即残差之间没有明显的相关性。在残差图中，如果数据点没有明显的聚集或者规律性分布，那么可以认为回归模型满足独立性的假设。

总的来说，一个好的残差图应该表现出随机分布、无明显的曲线形状、无规律的聚集、无趋势等特征。如果残差图中存在明显的非随机性模式或异常值，那么可能需要重新评估回归模型的拟合效果或者对数据进行进一步的分析。

将回答中的关注点代入我们的结果去看残差图，能够证明我们的回归模型具有良好的线性拟合效果。

9.8 小结

本章主要介绍了如何利用ChatGPT去学习Excel中分析工具包插件所

提供的方法。由于这些方法的原理是基于一些统计学知识和数据的，所以在没有相关知识的背景下，学习之路会充满艰辛。但是我们可以利用 ChatGPT 来绕过复杂的数学公式推导和相关概念，了解各个方法的原理和使用场景，降低使用这些方法的门槛。

第 10 章

利用 ChatGPT 学习 Excel 的方法论总结

利用ChatGPT学习Excel相关的知识主要有两个问题，一个是如何进行知识拆解，因为ChatGPT的回答是有字数限制的，而且当问题涵盖的知识范围太大时，它回答的内容也会更加笼统，偏向于总结。所以，如何做好知识结构的拆解，在学习的任何阶段都非常重要。另一个问题在于怎么样通过合适的提问让ChatGPT的回答趋向于我们想要得到的答案，从而解决我们的实际问题。本章将介绍如何使用ChatGPT学习Excel的方法。

10.1 知识拆解相关方法论

本节来介绍几种可以用于知识拆解的方法论，帮助我们在接触到一个全新的概念时迅速找到一个突破口，将复杂的知识或概念分解成更简单、更具体的方法。

接下来，我们把知识拆解当作一个问题来对待，按照"锁定问题—分析问题—拆解问题—反复推敲"的顺序来进行处理。

1. 锁定问题

锁定问题，即如何在生活学习中发现具体的问题，并把解决它当作目标来寻找解决方案。

对于如何发现具体问题，奥斯本制定了以下四个思考规则：追求数量；严禁评判；自由奔放；与改善想法相结合。这些规则都是围绕"数量产生质量"的观点制定的，其最终目的是提高思维的质量。我们按照这四个规则思考问题，偶尔会闪现优质的想法，这些想法就是灵感。以学习 Excel 为例，一开始我们的核心问题就是"如何更好地学习 Excel"，然后不断发散问题，比如以下几个问题。

（1）如何创建更具吸引力和互动性的 Excel 学习资源？

（2）是否可以开发针对不同学习风格的个性化 Excel 教程？

（3）如何在 Excel 繁杂的学习资源中进行筛选，以及如何尽量减少时间和精力的投入？

对上述问题提炼出核心需求，不同学习风格意味着自定义程度高，更具吸引力和互动性意味着引导性强，筛选学习资源、节省精力意味着针对性强。ChatGPT 这类智能工具就是完美契合上述需求的工具，所以我们把问题锁定在"如何利用 ChatGPT 来学习 Excel"。

2. 分析问题

分析就是将构成事物的各个要素细分、拆开理解，明确问题的本质，遵循逻辑线索调查其内部结构和运行程序，对事物进行系统性整理，从而使其清晰地显现出某种特质或根本属性。分析可以分为两个部分：拆解和解析。简言之，就是将问题分解为更小的部分，然后将它们整合起来。问题被拆解后的逻辑和整合后的逻辑肯定是不同的，这样我们才能获得全新的认识。如果采用相同的逻辑进行整合，那只会回到原来的状态，没有任何进展。拆解和整合的过程如图 10.1 所示。

下面我们就利用上述拆解和整合的理论探讨如何利用 ChatGPT 学习 Excel。

（1）了解 ChatGPT 和其应用领域：我们需要了解 ChatGPT 的基本原理、训练数据和其在 Excel 学习领域的应用潜力。

（2）研究 Excel 学习的需求和挑战：了解 Excel 学习者的常见需求、困难和挑战，例如对函数使用的理解、数据分析技巧的学习等。

（3）确定 ChatGPT 在 Excel 学习中的潜在作用：思考 ChatGPT 如何应用于 Excel 学习，包括解答学习者的问题、提供教学资源、模拟实际问题等。

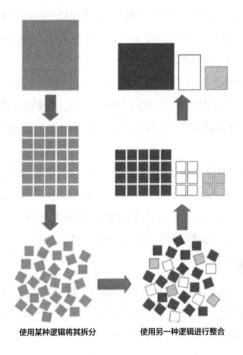

使用某种逻辑将其拆分　　　　使用另一种逻辑进行整合

图 10.1　问题拆解与整合的逻辑

3. 拆解问题

拆解问题也就是对问题进行不断细化，拆解成一个个小问题，解决完小问题之后再将它们进行整合认识。

（1）发挥 ChatGPT 的交互优势：通过与 ChatGPT 进行对话交流，学习者可以获得实时的问题解答和学习支持，而不仅限于静态的学习材料。

（2）利用 ChatGPT 进行实践案例仿真：ChatGPT 可以模拟实际的 Excel 问题和场景，让学习者在无压力的环境中进行实践和探索，提升技能和自信。

（3）结合 ChatGPT 与其他学习资源：将 ChatGPT 与其他 Excel 学习资

源结合使用，如在线教程等，提供全面和综合的学习体验。

通过将问题拆解为小部分，并将它们整合起来，可以更好地认识到如何利用 ChatGPT 学习 Excel。

这里介绍一种分解结构的方法——WBS，其全称为工作分解结构（Work Breakdown Structure），是一种在项目管理中常用的工作规划和组织方法。它通过将大型项目分解为可管理的、更小的任务和工作包，从而帮助团队成员更好地理解项目的工作范围和任务。

将 WBS 的一般操作应用在我们的问题上，就可以得到如下步骤。

（1）确定项目目标：确定项目的主要目标，例如提供一种 ChatGPT 交互式学习方式，帮助学习者在学习 Excel 时获得问题解答和支持。

（2）分解项目：将项目分解为更小、更具体的任务和工作包。这是 WBS 的核心步骤。分解的级别可以根据项目的复杂性和需要进行调整。

- 阶段一：理解 ChatGPT 的基本原理和功能。
- 阶段二：了解 Excel 学习者的需求与挑战。
- 阶段三：确定 ChatGPT 与 Excel 学习的结合方式。
- 阶段四：测试与优化使用 ChatGPT 学习 Excel 的体验。

（3）确定工作包和工作任务：为每个分解级别确定适当的工作包和工作任务。任务分解过程如下。

针对每个阶段，细分为具体任务和工作包。以下是一些可能的任务示例，每个任务可以进一步细分。

- 阶段一任务：研究 ChatGPT 基本原理和提问技巧，研究 ChatGPT 在 Excel 学习中的应用技巧。
- 阶段二任务：调研 Excel 学习者的需求和挑战，了解常见的 Excel 学习问题和困难。
- 阶段三任务：探索如何结合 ChatGPT 发现 Excel 中的学习需求；根据学习需求进行学习内容拆解。
- 阶段四任务：设计 ChatGPT 在解答 Excel 问题中的应用场景，构建 Excel 与 ChatGPT 交互环境，用于各内容的学习实践。

（4）制定 WBS 结构：使用树状结构或其他适当的图形表示 WBS。通常，顶级是项目名称，下一级是项目阶段或主要任务组件，然后逐级添加子任务和子组件。

（5）标识依赖关系和关键路径：确定任务之间的依赖关系和关键路径。这有助于确定项目的优先级和工作的顺序。

（6）分配资源和时间：根据 WBS 和任务的要求，分配适当的资源和时间。这有助于确保项目进度和资源的合理利用。

（7）跟踪和控制：在项目执行期间，使用 WBS 作为跟踪和控制工具。通过对比实际进度和计划进度，确定项目的进展情况，并进行必要的调整和调优。

在上面的每一个子任务里面，还可以按照自己的需求进行拆解。比如根据学习需求进行内容拆解时，就可以把 Excel 学习任务拆解为各个分类，如可视化学习、操作界面学习等，再在各个分类的学习内容中进一步拆分。

4. 反复推敲

下面来看反复推敲的过程。为了创造高质量的解决方案，一定要进行精益求精的反复推敲工作。我们需要通过不断打磨，从最初构思的想法或方案中找出缺点并加以改进。

比如在学习不同分类知识点的时候，初步拆解完知识点之后进行实践，在实践初期会发现有很多需要解决的问题，比如虽然 ChatGPT 可以提供实时问题解答和学习支持，但它可能无法提供特定领域或专业知识的精准解答，需要进行分析和验证。在与 ChatGPT 的交互方面，学习者需要掌握与 ChatGPT 进行有效交互的技巧和方法，以及如何提出问题以获得最佳答案。

如果在利用 ChatGPT 学习 Excel 不同分类知识点的过程中出现问题，可以采取以下措施进行调整和改进。

（1）重新进行拆解：回顾之前的拆解过程，重新审视和分析每个分类知识点是否清晰和准确，是否覆盖了相关的学习内容。对于拆解得不太好的部分进行重新拆解，尽可能详细地分解成更小的子知识点。

（2）进行实践测试：在拆解的基础上，进行实际的学习和实践测试，不断检验拆解的准确性和可行性。如果发现有知识点被漏掉或者有不适合的拆解，应及时调整和改进。

（3）持续完善：学习过程中的拆解不是一次性完成的，而是一个持续完善的过程。随着学习的深入，不断进行调整和完善是很正常的。根据学习反馈和实践经验，应及时优化拆解的内容，以确保学习过程的高效。

（4）重新表达问题：尝试使用不同的方式向 ChatGPT 重新表达问题，使用更明确和具体的语言描述问题。有时候问题的陈述可能不够清晰，导致 ChatGPT 难以理解，无法给出准确的回答，因此需要重新表达问题。

（5）利用更多的信息：提供更多与问题相关的背景信息或上下文，以帮助 ChatGPT 更好地理解问题。有时候问题的回答可能需要基于特定的情境或先决条件，如果提供更多信息，将有助于 ChatGPT 给出更准确、有针对性的回答。

（6）考虑问题的限制：ChatGPT 有其局限性，特别是在特定领域或专业性较高的问题上。如果问题超出了 ChatGPT 的能力范围，可能需要寻求更专业的学习资源来解决问题。

（7）结合其他学习资源：ChatGPT 是一个有用的工具，但它并不是唯一的学习途径。考虑结合其他学习资源，如在线教程、书籍、视频教程等，来获取更全面和深入的知识。

10.2 提问技巧解读

在利用 ChatGPT 学习 Excel 时，不但要掌握 ChatGPT 的提问技巧，还要掌握学习 Excel 的提问技巧。

10.2.1 ChatGPT 提问技巧

常用的 ChatGPT 提问技巧有以下几个。

第一个技巧是通过提问框架来进行提问。

第 2 章介绍过一个万能提问公式，即【专家模式】+【问题描述】+【效果描述】+【条件限制】。这是一个通用的提问技巧，下面我们通过几个例子来展示一下这个通用提问技巧的优势。比如一开始学习 Excel 的时候缺少一个学习框架，所以可以让 ChatGPT 帮我们输出一份学习框架或者新手学习指南。如果用平常生活中最常见的提问方式去问："请帮我出一份 Excel 的学习指南"，那么在 ChatGPT 3.5 中，它大概率会给出以下回答。

下面是一份 Excel 的学习指南，帮助你快速上手和提升使用技能。

（1）界面和基本操作。

了解 Excel 的界面布局，包括菜单栏、工具栏、工作表、单元格等元素。

学习基本操作，如插入、删除、移动和复制单元格、行和列。

（2）公式和函数。

掌握常用的数学运算符，如加减乘除，以及括号的使用。

学习公式的语法和基本函数，如 SUM、AVERAGE、MAX、MIN 等。

了解如何使用相对引用和绝对引用。

（3）数据格式和样式。

理解不同的数据类型，如文本、数值、日期等，并学会进行格式化。

学习使用条件格式化，如高亮显示、数据条和色阶等功能。

（4）数据排序和筛选。

学会按照特定条件对数据进行排序，如按数值、字母或日期排序。

学习使用自动筛选和高级筛选功能，按照条件过滤数据。

（5）数据透视表。

了解数据透视表的概念和用途，可以对大量数据进行汇总和分析。

学习创建数据透视表，调整字段和值，以及使用数据透视表进行数据分析和筛选。

（6）图表。

学会创建不同类型的图表，如柱形图、折线图、饼图等。

学习调整图表的样式、布局和数据源，以及添加数据标签和图例。

（7）数据验证和保护。

学习使用数据验证功能，限制输入范围和规则，确保数据的准确性。

　　了解如何保护工作表和工作簿，设置密码和权限，防止数据被误操作或修改。

　　（8）宏和自动化。

　　了解宏的基本概念和使用，可以记录和执行常用的操作序列。

　　学习使用VBA编程，进行自定义宏和功能的开发。

　　（9）数据连接。

　　掌握如何从其他数据源导入数据，如数据库、文本文件和Web数据。

　　学习创建数据连接，自动刷新数据和更新连接。

　　（10）高级功能。

　　进一步学习Excel的高级功能，如逻辑函数、数组公式、条件求和等。

　　探索其他功能和插件，如数据分析工具包、Solver优化等。

　　虽然以上提问能够让ChatGPT给出大体的分类和分类中包含的内容，但这些内容比较宽泛，没有针对性。

　　假如我们限定一个财务人员学习Excel，并且我们希望每个分类的学习内容都是从易到难循序渐进。那么需要限定ChatGPT的角色身份，我们的提问方式可以为："你现在是一个精通Excel的财务专家，请帮忙出一份适合财务新手学习的Excel学习指南，需要让每个分类的学习内容难度循序渐进。"于是我们可以得到如下回答。

　　当然可以！下面是一份适合财务新手学习的Excel学习指南，按照难度递增的顺序排列。

　　（1）基础操作。

　　Excel界面和常用功能介绍；

　　单元格的基本操作（插入、删除、复制、粘贴等）；

　　基本公式的输入和计算（如加减乘除等）；

　　单元格格式设置（字体、边框、颜色等）。

　　（2）数据输入和管理。

　　数据输入和编辑技巧（如快速填充、拖动填充等）；

　　数据排序和筛选功能的使用；

数据去重和重复项处理；

数据验证和条件格式设置。

（3）公式和函数。

基本数学函数的使用（如 SUM、AVERAGE 等）；

逻辑函数的使用（如 IF、AND、OR 等）；

文本函数的使用（如 CONCATENATE、LEFT、RIGHT 等）；

统计函数的使用（如 COUNT、COUNTIF、SUMIF 等）。

（4）数据分析。

数据表的创建和管理；

数据透视表的制作和分析；

条件汇总和筛选功能的运用；

数据图表的创建和格式调整。

（5）高级技巧。

条件格式和数据条的高级设置；

自定义函数和宏的编写；

数据透视表和数据图表的高级应用；

数据连接和外部数据导入。

（6）财务建模。

制作财务报表（如利润表、资产负债表等）；

财务分析指标的计算和应用；

现金流量表的制作和分析；

预算编制和假设分析。

（7）数据处理和自动化。

数据导入和导出技巧；

数据清洗和转换；

批量处理和自动化操作；

数据逻辑和错误检查。

很明显能看出来，上面的回答针对性更强，且拆分得更加合理和细致。

第二个技巧是让 ChatGPT 模仿学习。当它的回答有误或者让我们不满意，而我们也不知道如何准确描述问题的时候可以使用这个技巧。但是首先需要找一个例子，可以是网上论坛里别人的回答，也可以是书籍中的知识点等，将例子中的回答复制给 ChatGPT，让它按照例子中的结构或者内容进行学习思考之后回答我们的问题，提高回答的准确性。

比如同样是针对财务人员生成一份 Excel 学习指南，我们也不知道自己的准确需求，但是看到有些书籍中的章节分类比较适合我们。那就可以把这些章节标题发给 ChatGPT，请它学习别人的归纳方式并且进行细分，它将生成一份更加适合我们的学习指南。

第三个技巧是利用思维链条和纠正行为，比如由于字数限制，ChatGPT 没有给出全部答案，或者回答里面有一部分我们满意的内容，需要在此基础上让它联系上下文修正答案，就可以直接让它在之前的回答上继续生成答案，但是需要对某些地方做出修改。

10.2.2　Excel 学习特点的提问技巧

接下来介绍针对 Excel 学习的使用 ChatGPT 的技巧，第一个技巧是限制系统和 Excel 版本。当我们询问基础快捷键的时候，如果直接询问快捷键，ChatGPT 给出的默认回答如下。

> 以下是 Excel 中常用的一些基础快捷键。
>
> Ctrl+C：复制选定的单元格或区域。
>
> Ctrl+V：粘贴已复制的单元格或区域。
>
> Ctrl+Z：撤销上一步操作。
>
> Ctrl+S：保存当前的 Excel 文件。
>
> Ctrl+X：剪切选定的单元格或区域。
>
> Ctrl+B：将选定的单元格或文本设置为加粗格式。
>
> Ctrl+I：将选定的单元格或文本设置为斜体格式。
>
> Ctrl+U：将选定的单元格或文本设置为下划线格式。
>
> Ctrl+H：打开"查找和替换"对话框。
>
> Ctrl+G：跳转到指定的单元格。

> Ctrl+P：打印工作表。

它的回答默认是适合 Windows 系统中的大多数 Excel 版本的，包括 Excel 2010、Excel 2013、Excel 2016、Excel 2019 及 Office 365 订阅版本。所以，我们在前面章节的知识点讲解过程中，大多都加了这个限制条件。

第二个技巧就是让 ChatGPT 写出操作步骤，因为 Excel 属于可视化模块工具类软件，大多数功能都是通过各类按钮来实现的，所以不同的功能实现可以拆解为多个步骤的按键组合。其实如果直接问 ChatGPT 如何使用 Excel 实现 ×× 功能，它在大多数情况下是会回复具体的操作步骤的，但是也有一些情况，它给出的是关键性步骤而不是完整的操作，所以不如让 ChatGPT 详细地列出实现 ×× 功能的操作步骤。比如让 ChatGPT 告诉我们如何在 Excel 中使用 VBA 计算平均值，它给出的答案如下。

> 在 Excel 的 VBA（Visual Basic for Applications）中，可以使用以下代码来计算平均值。
>
> ```
> Sub CalculateAverage()
>     Dim rng As Range
>     Dim avgValue As Double
>     ' 定义需要计算平均值的数据范围
>     Set rng = Range("A1:A10") ' 将范围设置为你需要的数据范围
>     ' 计算平均值
>     avgValue = WorksheetFunction.Average(rng)
>     ' 将平均值显示在单元格 B1 中
>     Range("B1").Value = avgValue
> End Sub
> ```

但是询问详细的操作步骤时，它的回答如下。

> 当你在 Excel 中使用 VBA 计算平均值时，可以按照以下步骤进行操作。
> （1）打开 Excel，按下 Alt + F11 快捷键，打开 VBA 编辑器。
> （2）在 VBA 编辑器中，选择插入模块。可以通过右击项目资源管理器

中的"插入",然后选择"模块"来插入一个模块。

(3)在新插入的模块中,输入下面的 VBA 代码。

```
Sub CalculateAverage()
    Dim rng As Range
    Dim avgValue As Double
    ' 定义需要计算平均值的数据范围
    Set rng = Range("A1:A10") ' 将范围设置为你需要的数据范围
    ' 计算平均值
    avgValue = WorksheetFunction.Average(rng)
    ' 将平均值显示在单元格 B1 中
    Range("B1").Value = avgValue
End Sub
```

(4)在代码中,确保将 Set rng = Range("A1:A10") 中的范围修改为你需要的数据范围。你可以手动输入范围,或者通过选择相应的单元格或区域。

(5)运行宏。可以通过按下 F5 键运行宏,或者在 VBA 编辑器中单击运行按钮(绿色三角形)来执行计算平均值的操作。

(6)平均值将会被计算并显示在指定的单元格(如代码中的 B1 单元格)中。

当然,上述例子中最好也加上系统版本限制。

第三个技巧是实践。在一些特别的例子中,依靠ChatGPT给出的回答无法正确解答我们的问题,没有办法一眼看出它给的回答是否正确,这时候需要在Excel中实践来发现问题、反馈问题、纠正回答。而且ChatGPT的有些回答是在知识层面给出的,不够直观,所以我们需要一些具体例子的解释,并且依靠这些例子来进行实践操作。

10.3 应用方法论实践

本节将使用ChatGPT来学习Excel中打印部分的内容,首先来拆解内容,发散思维想象一下我们对于这部分内容有什么学习需求(使用场景)。

（1）数据报表打印。

（2）图表和图形打印。

（3）打印设置和预览。

顺着发散思维想象出来的使用场景，让ChatGPT拆解出使用到的功能并进行划分。提问方式为："你现在是一个Excel专家，请根据以下使用场景【复制使用场景】，拆分并整合一下Excel中关于打印的功能，并根据拆分整合好的内容整理一份适合新手学习的学习指南。"我们可以得到以下回答。

拆分整合后的Excel打印功能学习指南概要如下。

（1）Excel打印基础知识。

了解Excel中打印选项和设置的基本概念。

学习如何调整页面布局、纸张大小、方向等打印参数。

（2）数据报表打印。

设置打印区域：选择要打印的特定单元格区域或整个工作表。

自动调整列宽和行高：确保打印输出的内容适合纸张大小。

添加标题行和页眉页脚：在每一页的顶部和底部添加标题、日期、页码等信息。

打印筛选后的数据：根据筛选条件打印只包含特定数据的报表。

（3）表格布局和格式调整。

设置网格线和边框：为表格添加或去除网格线，调整边框样式。

打印行列标题：在每一页上打印行标题和列标题，增加打印材料的可读性。

调整打印方向和页面布局：选择横向或纵向打印，设置页面的边距和方向等。

自定义打印样式：应用自定义的样式和格式，如背景色、字体、对齐方式等。

（4）图表和图形打印。

打印图表：将Excel中的图表（如柱形图、饼图等）打印出来，用于会议或演示。

调整图表大小和位置：确保图表在打印输出中处于适当的大小和位置。

打印图形对象：选择是否打印插入的图片或形状对象，以及设置它们的打印位置。

（5）打印设置和预览。

打印预览：查看工作表的打印预览，了解打印输出的效果和布局。

打印选项设置：设置打印参数，如纸张大小、打印质量、打印顺序等。

批量打印：同时打印多个工作表或整个工作簿的内容。

以上回答的问题比较明显，就是不够整合，很多相似的内容被划分进了两个分类中。下面我们使用联系上下文追问的技巧，让它在这个回答的基础上根据我们的需求进行修改："刚才的回答中，不同分类的功能中有很多重复内容，请重新对分类做适当的整合，让它更加合理。"于是我们得到了下面的内容。

以下是经过适当合并的 Excel 打印知识分类。

（1）打印设置和预览。

设置页面布局：对纸张大小、方向等打印参数进行调整。

打印选项设置：包括打印质量、打印顺序等。

预览和调整打印输出的布局和设置。

（2）表格打印。

设置打印区域：选择特定单元格区域或整个工作表打印。

打印行列标题。

设置网格线和边框。

定制打印样式。

自动调整列宽和行高。

批量打印：多个工作表或整个工作簿的内容打印。

（3）图表和图形打印。

调整图表大小和位置。

打印图形对象，如图片或形状对象。

对于上述回答，看起来没有什么大问题，但是图表和图形打印部分没有任何实质性的内容，并且调整图表大小和位置与打印设置没有关系，所以我们舍弃这部分，其他的先按照 ChatGPT 给的分类进行学习。

先来看一下 Excel 打印设置和预览，在 Excel 的菜单栏中选择"打印"命令，弹出"打印"对话框，详细的设置信息如图 10.2 所示。

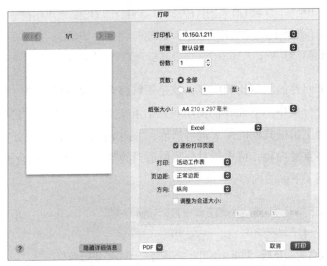

图 10.2　打印选项的详细设置信息界面

可以单击左下角的问号来查看对应版本的 Excel 打印选项的含义，也可以把需要选择填写的部分发给 ChatGPT，让它来指导我们。在使用 ChatGPT 之前，我们先思考一下使用什么样的提问技巧会更好，然后根据它的回答进行修正。我们直接提问："你现在是一个 Excel 专家，请讲解一下【填写系统版本】Excel 中打印设置中的选项设置。"ChatGPT 将会给出下面的回答。

在 macOS 版 Excel 2016 中，打印设置中的选项设置可以通过以下步骤进行操作。

（1）打开 Excel 文件，在菜单栏中选择"文件"，然后选择"打印"。也可以使用快捷键 Command + P。

（2）在弹出的打印设置窗口中，你将看到许多选项设置，包括以下内容。

打印区域：在"设置"选项卡中选择要打印的区域，可以是选定的单元格范围或整个工作表。你可以单击"设置打印区域"来自定义打印区域。

缩放：在"设置"选项卡中的"缩放"部分，你可以选择调整打印输出的比例。可以通过选择具体的百分比来缩放打印输出。

纸张尺寸：在"设置"选项卡中的"纸张大小"部分，你可以选择打印输出的纸张尺寸，如 A4、Letter 等。你也可以选择自定义纸张尺寸，通过单击"更多纸张尺寸"进行设置。

方向：在"设置"选项卡中的"方向"部分，你可以选择打印的方向是纵向还是横向。

边距：在"设置"选项卡中的"边距"部分，你可以设置打印页面的边距。可以通过拖动滑块或直接输入数值来调整边距的大小。

打印质量：在"设置"选项卡中的"打印质量"部分，你可以选择打印输出的质量，如草图、普通、良好和最佳。

多页设置：在"设置"选项卡中的"多页"部分，你可以设置是否将多个工作表拆分成单独的打印任务，或者按照页面顺序打印多个工作表。

高级设置：在"设置"选项卡中的"高级"部分，你可以进行更高级的打印设置，如启用页码、打印注释和批注等。

预览：在打印设置窗口的右侧，你可以看到打印预览窗格，可以通过滚动和缩放来查看打印输出的效果。单击预览窗格中的"页码"，可以查看不同页码的打印输出效果。

（3）在调整完打印设置后，你可以单击"打印"按钮进行实际的打印操作，或者使用"导出为 PDF"选项将文件导出为 PDF 格式。

我们发现即使做了限制，它的回答仍然有一些和实际情况对不上的现象，比如实际的设置界面没有"缩放""打印质量""多页设置"这些选项。但是也没有关系，这并不影响我们的理解。对于这种情况，我们可以边探索界面选项边提问，避免 ChatGPT 的回答和在 Excel 中的操作对应不上。在后面拆分的实例学习中，会逐渐掌握这些选项如何配置。

下面来进行表格打印，让 ChatGPT 生成几份不同类型的数据报表。提问方式是："你现在是一个 Excel 专家，我想学习在 Excel 中如何打印数据表，请帮我生成不同类型的数据表示例，能够涵盖数据表打印的各种不同设置。"ChatGPT 给出的示例如下。

（1）销售报表。

列出产品名称、销售量、销售额等信息。

设置打印区域，仅打印包含数据的区域。

添加页眉和页脚，包括报表名称和打印日期。

设置边距和纸张大小，确保打印输出完整且易读。

（2）学生成绩单。

包含学生姓名、科目成绩等信息。

设置打印区域，仅打印包含学生信息和成绩的区域。

在行和列标题上应用粗体和背景色，以提高可读性。

调整打印方向，使学生姓名在纵向打印中更清晰可见。

在页脚中添加学校名称和页码。

（3）项目进度报表。

列出项目名称、开始日期、结束日期等信息。

设置筛选，按项目状态筛选并打印只包含特定状态的项目报表。

调整打印区域，仅打印包含筛选后项目的区域。

设置打印质量为最佳，以确保打印输出清晰。

添加页眉，包括报表标题和制表人信息。

（4）财务报表。

包括收入、支出、利润等财务数据。

设置打印区域，仅打印包含财务数据的区域。

调整列宽和行高，以适应打印纸张大小。

添加表格边框，以提高财务报表的外观。

设置打印预览，查看打印输出的效果。

接下来，我们对上述回答中涉及的操作进行整合，我们选择"项目进度报表"，让 ChatGPT 根据它自己的回答帮我们列出尽量多的数据。

表格 10.1 是一个简单的项目进度报表，包括项目名称、开始日期、结束日期和项目状态。

你可以按照以下步骤来操作。

（1）打开 Excel 并将上述数据复制到工作表中。

（2）使用筛选功能，在"项目状态"列中设置筛选，选择特定状态进行筛选。

（3）调整打印区域，确保只打印包含筛选后项目的区域。

（4）在打印设置中将打印质量设置为最佳，以确保打印内容清晰。

（5）在工作表中添加页眉，在页眉中包含报表标题和制表人信息。

表 10.1　项目进度表

项目名称	开始日期	结束日期	项目状态
项目 1	2022-01-01	2022-02-28	进行中
项目 2	2022-03-01	2022-04-30	已完成
项目 3	2022-02-15	2022-03-31	进行中
项目 4	2022-04-01	2022-06-30	准备中
项目 5	2022-03-15	2022-05-31	进行中

但是我们发现 ChatGPT 给出的示例比实际使用中的信息量少了很多，所以让它在之前给出的表格中再进行维度扩充，尽量丰富表格信息，模拟实际情况。表 10.2 就是扩充后的结果。

表 10.2　项目进度表扩充维度后

项目名称	开始日期	结束日期	项目状态	负责人	完成百分比	实际成本	风险等级
项目 1	2022-01-01	2022-02-28	进行中	张三	50%	100	低
项目 2	2022-03-01	2022-04-30	已完成	李四	100%	200	低
项目 3	2022-02-15	2022-03-31	进行中	王五	40%	250	中
项目 4	2022-04-01	2022-06-30	准备中	赵四	0%	240	高
项目 5	2022-03-15	2022-05-31	进行中	刘能	20%	180	低

如果觉得信息不够还可以继续增加维度，因为列数会影响后面的打印设置。在这里我们直接使用表 10.2，按照顺序筛选未完成状态的项目，如图 10.3 所示。

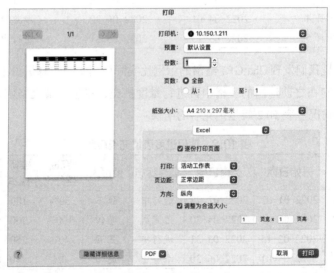

图 10.3　筛选项目状态

原始的数据表格中有一条虚线，它用来标识将要打印的内容在纸张上的位置范围。在 Excel 的"文件"菜单中选择"打印"命令后，将会弹出"打印"对话框，打印信息的初始化配置如图 10.4 所示。我们可以随意修改配置，并可以左侧预览图中观察是不是我们想要的打印效果。

图 10.4　打印初始化配置

纸张大小可以随意选择，如果其他配置不变，只改变纸张大小为 A3，则效果如图 10.5 所示。

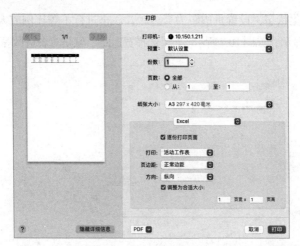

图 10.5 设置为 A3 纸张

可以看到，预览图中的表格右侧和下侧都有了更大的空余范围。我们修改"打印"选项，把"活动工作表"修改为"选定内容"，发现打印内容为空，如图 10.6 所示。此外，"打印"选项也可以选择打印整个工作簿，当有多个工作表时会批量打印。

图 10.6 设置为选定内容

打印内容为空是因为在打印之前没有进行单元格区域选择，如果不清楚原因，也可以把问题描述清楚让 ChatGPT 进行解答。把打印信息配置恢复到初始化状态，设置页边距为窄边距，表格进行了等比例放大，表中内容仍完全显示，如图 10.7 所示。如果选择宽边距，就是对表格做等比例缩小。

图 10.7　设置为窄边距

　　页边距如果选择自定义的话，就会弹出如图 10.8 ~ 图 10.11 所示的界面。界面中提供页面缩放、自定义页边距、添加页眉页脚设置、设置打印标题和打印选项等操作，对于这些具体的选项含义，都可以直接询问 ChatGPT，比如对于界面中比较难理解的"顶端标题行"和"从左侧重复的列数"，可以直接询问："Excel打印选项中的顶端标题行和从左侧重复的列数分别是什么意思？"这里几乎不需要任何的技巧，只需要说明需求即可，就可以得到如下回答。

　　（1）顶端标题行：该选项允许你选择在每页的顶端重复打印工作表的标题行。标题行通常包含列的标签，比如列A、列B等，或者自定义的列名。通过选择"顶端标题行"的内容，Excel会在每页的顶端重复打印标题行，以使每页的数据更具可读性和信息完整性。

　　（2）从左侧重复的列数：该选项允许你选择在每页的左侧重复打印工作表的列。通过设置"从左侧重复的列数"，你可以指定要在每页的左侧重复打印的列数。这通常用于包含类似于行标或其他重要信息的列。例如，如果你设置"从左侧重复的列数"为2，那么在每一页的左侧会重复打印前两列的内容。

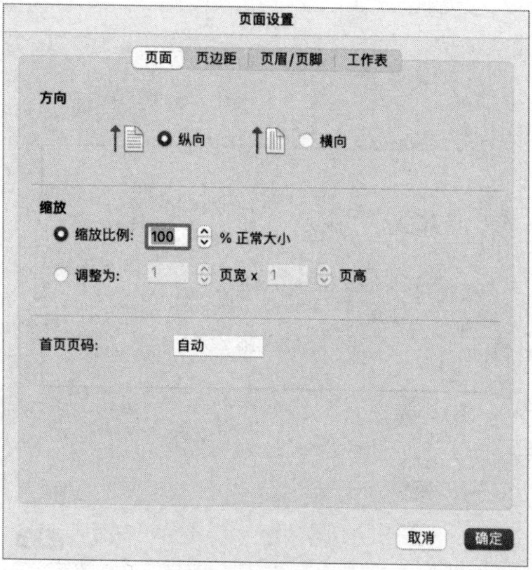

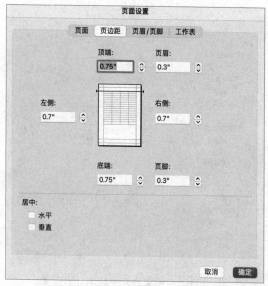

图 10.8 自定义边距中的页面设置

图 10.9 自定义边距中的页边距设置

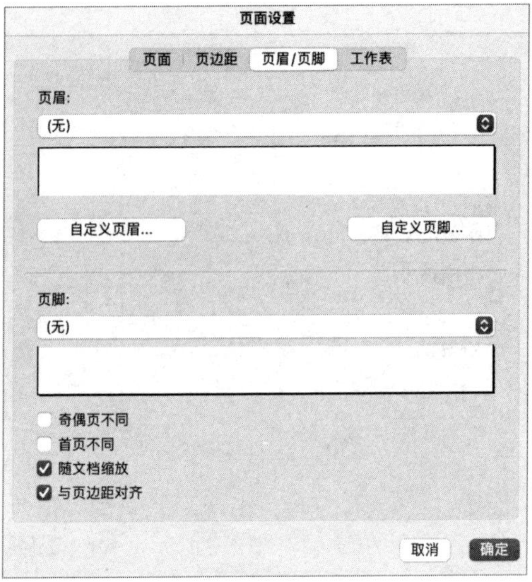

图 10.10　自定义边距中的页眉页脚设置

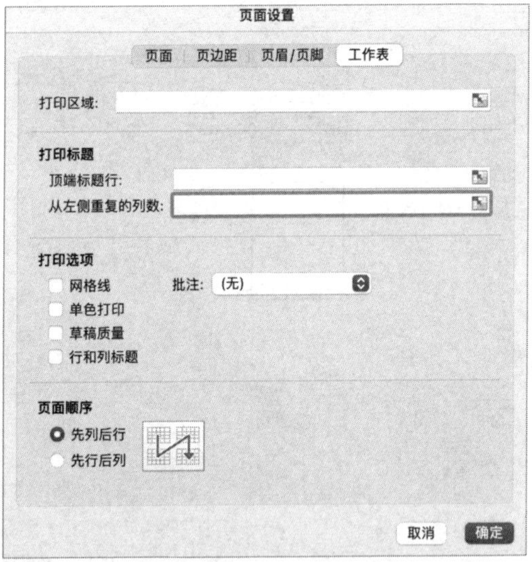

图 10.11　自定义边距中的工作表设置

　　此外，还可以对打印的方向进行设置，"方向"如果选择横向，则如图 10.12 所示。

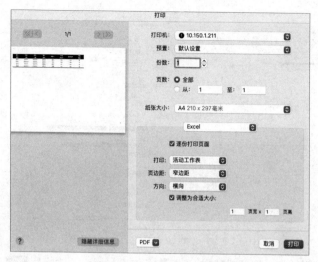

图 10.12　打印设置为横向

　　在取消选中"调整为合适大小"之后，将会发现表格突然变得很小，如图 10.13 所示。因为这时表格会保持之前的比例，在横向上会比较小。

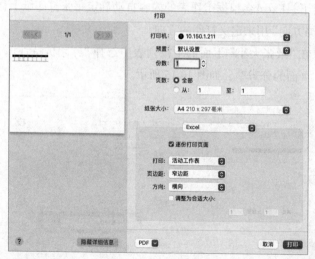

图 10.13　取消选中"调整为合适大小"

　　接下来我们在"纸张大小"下面的下拉列表中选择"布局"选项，将显示布局信息，如图 10.14 所示。

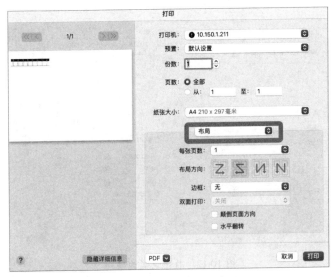

图 10.14　选择"布局"选项

"每张页数"用来定义在每张打印纸张上要显示的 Excel 工作表的页数。默认情况下，Excel 会根据工作表的内容自动确定每张打印纸上显示的页数。"布局方向"用来定义打印的方向。

如果在"纸张大小"下面的下拉列表中选择"打印机特性"，将可以调整打印页面的分辨率，如图 10.15 所示。

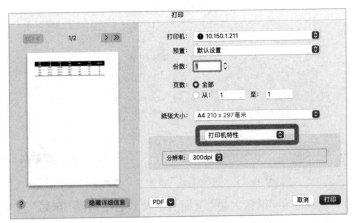

图 10.15　打印机特性界面

　　把上面的选项调整为适合表格的 A4 纵向窄边距后，再加上页眉页脚，并将页面调整到最大的分辨率，预览界面如图 10.16 所示，满意之后单击"打印"按钮即可。

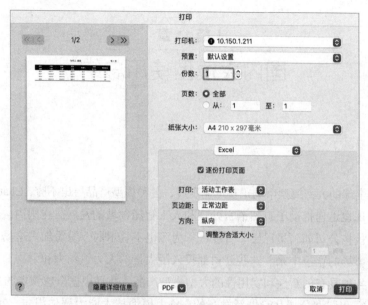

图 10.16　最终的打印界面

10.4　小结

　　当我们面对一个全新的知识点的时候，通过本章的各种方法论可以顺利地进行拆分与整合，生成一份属于自己的学习方案，达到理想的学习成果。把知识拆解当作一个问题来对待，一般会按照"锁定问题—分析问题—拆解问题—反复推敲"的顺序来进行。在利用 ChatGPT 进行学习的时候，可通过这样的顺序结合各种提问技巧，不断进行实践，从而达到学习和应用的目的。

第 11 章
国内大模型使用总结

全球的大型模型市场正在迅速发展，各种模型产品层出不穷，ChatGPT 的出现也迅速推动了自然语言处理和人工智能领域的发展。在国内，众多知名科技公司如阿里巴巴、百度、华为等也不甘示弱，纷纷加入这场大型模型市场的竞争中来。这些公司都投入了大量的人力、物力和财力，研发出了各种具有创新性和实用性的大型模型产品。并且根据全球领先的 IT 市场研究和咨询公司 IDC 最新发布的《AI 大模型技术能力评估报告，2023》报告显示，百度文心大模型、阿里巴巴通义大模型、科大讯飞星火大模型、智谱 AI 大模型在通用能力上表现都很好，所以在日常学习与生活中使用国产的大模型也可以满足我们的需求，本章就来了解一下国内大模型，以及它们在 Excel 中的学习和实践。

11.1 国内代表性大模型介绍

百度的文心一言：这是百度开发的一个大语言模型，拥有 2600 亿个参数，是全球最大的语言模型之一。它能够与人进行对话互动，协助创作，帮助人们获取信息、知识和灵感。只需要在官网注册账号就能使用，使用界面如图 11.1 所示。

图 11.1　文心一言的使用界面

科大讯飞的讯飞星火认知大模型：简称"讯飞星火"，适用于教育、医疗、人机交互等多个领域。它采用了多模态知识图谱技术，能够将文本、图片、视频等多种信息融合在一起进行处理和分析。此外，"星火认知"还具有语言生成和对话能力，可应用于智能客服、智能问答、机器翻译等领域。只需要在官网注册账号就能使用，使用界面如图 11.2 所示。

图 11.2　讯飞星火认知大模型的使用界面

阿里巴巴的通义千问：这是国内最大的中文预训练模型之一，具有

100万亿个参数。它支持多种自然语言处理任务，包括问答、文本生成、情感分析等，适用于各种实际应用场景。它还具有多轮对话和上下文理解能力，能够根据用户的反馈和需求进行灵活的对话。只需要在官网注册账号就能使用，使用界面如图11.3所示。

图 11.3　通义千问的使用界面

11.2 / 国内模型的优势和实践

通用大模型是一个系统工程，算法、数据和算力这三个因素至关重要。目前，国内外的差距主要集中在数据和算力方面。而ChatGPT的主流数据集和评估基准多以英文为主，缺少中文，也缺乏对我们国内产业的理解。所以国内大模型与国外大模型在带有场景和语气的语义理解能力方面各有高低，尤其是对刁钻的中文句子的理解方面，ChatGPT不如通义千问、文心一言和星火认知等国内大模型。在逻辑、推断能力上，国内大模型和ChatGPT的水平也是旗鼓相当。在可获得性方面，国内大模型只用注册即可免费使用，对于个人用户来说非常友好。

在学习Excel的过程中，使用上述大模型都可以解决我们的问题，主要的区别在于哪个大模型更能扮演好一个优秀的教学者这样一个角色。

按照上述逻辑，我们设定的问题集合如下。

（1）概念理解：请解释 Excel 中的工作簿、工作表、单元格的概念和关系。

（2）原理解释：请解释 Excel 中的数据透视表功能的工作原理。

（3）实际应用：请解释在 Excel 中如何使用 VBA 编程来实现自动化计算，并提供一个适用的场景示例。

对于第一个问题，讯飞星火认知大模型的回答如下。

在 Excel 中，工作簿、工作表和单元格是三个重要的概念，它们之间存在一种包含和被包含的关系。

工作簿可以看作一个 Excel 文件，用户可以在这个文件中进行各种操作，比如新建工作表、保存文件等。每个工作簿中可以含有一张或多张空白的电子表格，也就是工作表。

工作表是显示在工作簿窗口中的表格，由若干行和列组成，行列交叉的部分就被称为单元格。单元格是表格中的最小单位，所有数据的输入和修改都是在单元格中进行的。例如，在一个工作表中，行的编号从 1 开始，最多可以有 1048576 行；列的编号从 A 开始，最多可以有 256 列。

综上，工作簿、工作表和单元格的关系可以这样理解：工作簿就像是一个文件夹，而工作表就是这个文件夹里的文件，单元格则是这个文件里的小格子。一个工作簿里可以含有一张或多张空白的或者已填写内容的工作表，而每一个工作表又是由一个个单元格组成的。

对于第一个问题，文心一言的回答如下。

Excel 中的工作簿、工作表和单元格是构成 Excel 文件的基本元素，它们之间存在一定的关系。

（1）工作簿：Excel 文件是以工作簿的形式存在的，扩展名为 .xls。一个工作簿可以包含一个或多个工作表，因此工作簿是由工作表组成的。每个工作簿中的工作表数是 1～255 个。

（2）工作表：工作表是工作簿的基本组成单位，也是 Excel 中用于存储和处理数据的表格。每个工作表由 256 列和 65536 行组成，单元格则是工作表中行、列交叉位置处的方框。每个工作表中的单元格数是固定的——16777216 个。

（3）单元格：单元格是工作表中的最小单位，它由单元格列标与行号组成。单元格中可以存储各种类型的数据，如文本、数字、日期等。在 Excel 中，单元格的地址是由其所在的列标和行号组成的，例如 A1 表示第一列第一行的单元格。

对于讯飞星火和文心一言的回答，下面从完整性、清晰度和技术准确性三个方面来进行分析。

（1）完整性：星火认知的回答更加详细和完整，给出了工作簿、工作表和单元格的定义、关系，以及它们的特点和用途。文心一言的回答相对简洁，只给出了基本定义和关系，没有涉及它们的特点和用途。

（2）清晰度：讯飞星火和文心一言的回答提供了明确的定义，描述了各个概念之间的关系，两者旗鼓相当。

（3）技术准确性：讯飞星火和文心一言对于工作簿、工作表和单元格的定义和关系描述准确，都没有涉及错误或误导性的信息。然而，讯飞星火的回答在功能和用途的解释上给出了更多的细节，能帮助学习者更全面地理解 Excel 中的这些概念。综上所述，对于概念理解的问题，讯飞星火的回答更好一些。

对于第二个问题，讯飞星火的回答如下。

数据透视表是 Excel 中的一种强大的数据分析工具，能够对大量数据进行快速的分类汇总和分析。这种功能之所以被称为"透视"，是因为其能从数据背后找到并呈现出各种联系和趋势。

创建数据透视表的基本步骤如下。

首先，选择需要透视的数据区域，全选或只选择一个单元格作为数据源；然后，选择数据透视表的位置，可以选择放到一个新的工作表里，或者手动选择现有工作表的某个位置。

其工作原理如下。

数据透视表通过对源数据的行、列和值进行重新组织和分类，从而让用户能够从不同的角度观察和分析数据。它可以根据用户的需求，对数据进行各种形式的统计和分析，如求和、计数、求平均值、求最大值、求最小值等。此外，对于大规模的数据集或需要使用自定义度量值的场景，还可以利用数据模型来创建数据透视表。

对于第二个问题，文心一言的回答如下。

Excel 中的数据透视表是一种强大的数据分析工具，它允许用户对大量数据进行分组、汇总、过滤和计算，以便更好地理解数据。数据透视表的工作原理可以概括为以下几个方面。

（1）数据源的复制：当创建数据透视表时，Excel 会将数据源的数据复制一份到数据透视表的缓存中。这样做可以保护原始数据不被更改，同时也提高了分析速度。

（2）动态版面布置：数据透视表可以根据不同的分析需求，动态地改变数据的版面布置，以便按照不同的方式对数据进行汇总和分析。这种灵活性使得数据透视表可以适应各种复杂的数据分析场景。

（3）数据聚合和分类：数据透视表可以对数值数据进行分类和聚合，以便对数据进行汇总和分析。用户可以通过设置求值项和汇总项来实现对数据的计算和统计，例如求平均值、总和、计数等。

（4）数据透视表的交互性：数据透视表具有交互性，用户可以通过拖放字段、调整列宽、添加筛选器等方式来定制自己的数据分析界面。这种交互性使得用户可以更方便地进行数据分析，并快速得到所需的结果。

（5）数据源的更新：当原始数据发生更改时，数据透视表会自动更新以反映这些更改。这意味着用户可以在数据透视表上获得实时的数据分析结果，而无须手动更新数据。

总之，Excel 中的数据透视表通过复制数据源、动态调整版面布置、数据聚合与分类、交互性和自动更新等机制，实现了对大量数据的快速分析和理解。

对于上述两种模型的回答，下面从完整性、清晰度和技术准确性三个方面来进行分析。

（1）完整性：讯飞星火的回答提供了比较完整的信息，包括数据透视表的定义、功能、创建步骤，以及使用数据模型进行创建的场景。文心一言的回答也包含了数据透视表的定义和工作原理，但在其他方面的描述相对较简略。

（2）清晰度：讯飞星火的回答给出了明确的定义，且通过解释数据透视表名字中的"透视"一词，更好地阐述了其从数据背后发现联系和趋势的功能。文心一言的回答提供了基本的工作原理，但没有提供太多细节，可能对于一些读者来说不够清晰。

（3）技术准确性：讯飞星火的回答描述了数据透视表的创建过程、数据分类和统计的功能，并提到了使用数据模型创建数据透视表的场景，这些描述在技术上是准确的。文心一言的回答提及了数据透视表的核心功能，如分组、汇总、过滤和计算，但在其他方面的描述相对简略，可能会缺少一些技术细节。

综上所述，从完整性、清晰度和技术准确性方面来看，讯飞星火在回答原理解释类问题时表现更好。

对于第三个问题，讯飞星火的回答如下。

在 Excel 中，VBA（Visual Basic for Applications）是一种用于自动化计算和分析的编程语言。使用 VBA，您可以编写自己的宏，以自动执行一系列复杂的任务，从而提高工作效率。

以下是一个使用 VBA 编程在 Excel 中实现自动化计算的场景示例。

假设您有一个包含销售数据的表格，您想要计算每个销售人员的总销售额。您可以使用 VBA 编程来实现这个任务。

步骤如下。

（1）打开 Excel，并打开包含销售数据的表格。

（2）按下"Alt + F11"键，打开 VBA 编辑器。

（3）在 VBA 编辑器中，选择"插入"→"模块"，来创建一个新的模块。

（4）在新模块中，输入以下代码：（略）

以上代码将自动计算 A1 到 A10 单元格中的总销售额，并将结果存储在 B1 单元格中。您可以根据需要修改代码中的工作表名称、数据范围和输出

位置。通过这个示例，您可以看到如何使用VBA编程在Excel中实现自动化
计算。

对于第三个问题，文心一言的回答如下。

在Excel中，VBA（Visual Basic for Applications）是一种编程语言，
它允许用户通过编写代码来自动化执行一些常见的任务。例如，我们可以使
用VBA编程来实现自动计算、数据填充、格式设置等操作。

假设我们有一个销售数据表，其中包含了产品名称、销售数量和单价等
信息。我们需要计算每个产品的总销售额，并将结果保存到一个新的列中。

首先，我们需要打开Excel，按下"Alt + F11"键，打开VBA编辑器。
然后，在VBA编辑器中的菜单栏选择"插入"→"模块"，在打开的新的模块
中输入以下代码：（略）

这段代码的意思是，将B列（产品名称）和C列（单价）的乘积的结果，
写入D列（总销售额）中。

最后，我们在Excel中运行这个宏，就可以自动计算出每个产品的总销
售额了。

对于上述两种模型的回答，下面从完整性、清晰度和技术准确性三
个方面来进行分析。

（1）完整性：讯飞星火的回答提供了使用VBA编程在Excel中实现自
动化计算的完整步骤和示例代码。回答中包含了打开VBA编辑器、创建
模块、编写代码等关键步骤。文心一言的回答也包含了使用VBA编程在
Excel中实现自动计算的示例，但相对来说缺少了一些关键的步骤说明，
如打开VBA编辑器、创建模块等。

（2）清晰度：讯飞星火的回答使用了清晰的语言和示例代码来详细解
释使用VBA编程在Excel中实现自动化计算的步骤和示例。文心一言的
回答也给出了一个示例，但在解释代码的时候，表述有一些相对简略。

（3）技术准确性：讯飞星火的回答在使用VBA编程实现自动化计算
的过程中给出了准确的代码示例，并提供了相关注释来解释各个步骤的

功能和作用。文心一言的回答中的示例代码在技术上也是准确的，但在其他方面的技术解释相对简略，可能会缺少一些细节。

综上所述，讯飞星火在回答实际应用类问题时表现更好。并且在整个测试中，讯飞星火作为一个教学工具在回答各类问题上的表现都更好，所以在学习过程中，可以使用讯飞星火作为学习工具，当然文心一言也是不错的学习工具，可以根据自己的习惯进行选择。